KB126659

교실 밖 펄떡이는

과학
이야기

읽으면 머리에 쏙 들어오는 알쏭달쏭 과학 원리

이영직 지음

스마트주니어

교실 밖 펄떡이는
과학 이야기

초판 1쇄 펴낸 날 | 2013년 10월 21일 **초판 3쇄 펴낸 날** | 2016년 7월 18일
글쓴이 | 이영직

펴낸이 | 이영남
펴낸곳 | 생각하는 책상
등록 | 2013년 5월 16일(제2013-000150호)
주소 | 서울시 마포구 월드컵북로 400번지 문화콘텐츠센터 5층 창업보육센터 11호
전화 | 02-338-4935(편집), 070-4253-4935(영업)
팩스 | 02-3153-1300
메일 | td4935@naver.com

ⓒ 이영직 2013

ISBN 978-89-97943-05-0 03400

※ 이 도서의 국립중앙도서관 출판예정도서목록(CIP)은 서지정보유통지원시스템 홈페이지
(http://seoji.nl.go.kr)와 국가자료공동목록시스템(http://www.nl.go.kr/kolisnet)에서
이용하실 수 있습니다.(CIP제어번호: CIP2013020615)

이 책은 이야기로 풀어 쓴 과학책이다. 이 책에서 다루는 분야는 물리, 화학, 생물이지만 교과서에 나오는 내용을 참고서 식으로 다룬 것이 아니라, 교과서에 나오는 중요한 개념을 쉽게 이해할 수 있도록 이야기로 풀어냈다. 뿐만 아니라 수업시간에 배울 수 없는 재미있는 과학자 이야기와 과학 이론이 탄생하게 된 배경, 과학사의 흐름 등도 청소년이 한눈에 이해할 수 있도록 구성하였다. 과학에 대한 전반적인 흐름을 알고 과학 이론에 대한 기본 교양을 쌓고 싶은 성인들에게도 도움이 될 것이다.

과학은 통합적인 안목이 필요한 분야다. 또한 우리의 실생활과 밀접한 관계를 맺고 있기도 하다. 아리스토텔레스의 중력 이론을 깨뜨린 갈릴레이의 이론을 살펴보자. 아리스토텔레스의 중력이론은 '물체의 낙하 속도는 질량에 비례한다.'는 것이었다. 즉, 무거운 물체와 가벼운 물체를 높은 곳에서 동시에 떨어뜨리면 무거운 물체가 먼저 떨어진다는 것이었다. 지금도 그렇게 믿는 사람이 많다. 그러나 실생활 속에서 생각해 보면 중력이론의 허점을 발견할 수 있다. 예를 들어, 체중이 같은 두 사람 중 한 사람은 맨몸으로, 다른 한 사람은 낙하산을 메고 공중에서 뛰어내린다면 누가 먼저 떨어질까? 낙하산을 맨 사람은 더 무겁지만 더 천천히 떨어진다. 이것으로 아리스토텔레스의 중력이론은 폐기처분되었다.

1장 물리 이야기에서는 인류 최초의 과학자 탈레스에서 아르키메데스, 갈릴레이의 이론, 케플러, 현대의 상대성 이론, 양자역학까지 거의 전 분야를 이야기 중심으로 풀어 썼다.

2장 화학 이야기에서는 그리스 시대의 4원소설부터 현대의 원자론까지, 질량 보존의 법칙에서 일정 성분비의 법칙까지 중요한 개념을 이해하기 쉽게 다루었다.

3장은 생물 이야기다. 사실 생물학은 물리학이나 화학처럼 공식에 딱 맞아떨어지지 않기 때문에 과학 분야에서도 오랫동안 의붓자식 취급을 당한 게 사실이었다. 그러나 20세기 후반부터 생물학의 중요성이 부각되기 시작했다. 인류의 세계관이 기계론적 사고에서 생태학적 사고로 대체되기 시작한 것이다. 이제 생태학적인 관점은 거의 전 분야로 확산되고 있다. 인류가 처한 위기를 해결하기 위해서도 이제는 생물학적인 접근이 필요한 시점이다.

지금 전 세계적으로 꿀벌의 개체 수가 빠르게 감소하고 있다. 그 핵심 요인은 환경오염과 전자파다. 꿀벌이 사라진다면 그 재앙은 우리가 맛있는 꿀을 먹을 수 없는 것에 그치지 않는다. 지구상의 식물 1/3 정도가 곤충의 도움으로 열매를 맺으며 그중 80%는 벌의 도움을 받는다. 만약 꿀벌이 완전히 사라진다면 인류도 살아남지 못한다. 아인슈타인도 4년 후면 인류가 멸종할 것이라고 경고한 바 있다. 이제 우리는 좀 더 생태학적인 사고로 세상을 볼 필요가 있다.

이 책이 어렵다고만 생각했던 과학에 대한 이해를 도울 수 있다면 필자로서는 영광이겠다.

차 례

chapter01 재미있는 물리 이야기

최초의 과학자는 누구였을까? • 11

왕관에 숨은 비밀 – 아르키메데스의 원리 • 15

지구의 둘레를 재다 – 에라토스테네스 • 20

과학에 임하는 자세 – 갈릴레이 이야기 • 25

말들의 줄다리기 – 토리첼리 • 29

진리에 이르는 험난한 길 – 지동설의 역사 • 33

행성운동의 법칙 – 케플러 • 37

흑사병과 만유인력 – 뉴턴 • 40

에너지 보존의 법칙 • 46

빛의 본질 • 48

빛의 속도와 상대성 이론 – 아인슈타인 • 52

양자역학의 이해 • 56

카오스 이론 • 60

X선의 발견 – 뢴트겐 • 64

방사선의 발견 – 베크렐 • 67

핵분열과 핵융합 • 70

도플러 효과 • 75

우주의 탄생 • 79

별들의 일생 • 85

펄떡이는 첨단 과학 이야기 • 91
스카치테이프로 받은 노벨 물리학상, 그래핀

chapter02 재미있는 화학 이야기

재미있는 고체, 액체, 기체 이야기 • 99

연금술의 역사는 고대 과학의 역사였다 • 104

물질의 종류 • 109

원자와 분자 • 111

수소와 탄소 이야기 • 115

질량보존의 법칙과 일정성분비의 법칙 • 119

불, 연소란 무엇인가? • 125

전기란 무엇인가? • 129

방사성 원소의 정체 • 135

파마의 과학적 원리 – 산화와 환원 • 138

산성, 알칼리성 이야기 • 142

화약의 탄생 • 148

억세게 운 좋은 두 화학자 이야기 • 151

삼투압의 원리 • 156

발효와 부패는 어떻게 다를까? • 161

안전유리의 원리 • 165

펄떡이는 자원 산업 이야기 • 169
도시에서 금을 캐다. '도시 광산업'

chapter03 **재미있는 생물 이야기**

생명체의 특징 • 175

탄소 순환 • 178

질소 순환 • 181

동물과 식물의 대를 이어가는 방법 • 186

식충 식물 • 190

자신이 태어난 강으로 돌아오는 물고기들 • 194

얽히고설켜서 살아가는 생물들 – 공생과 기생 • 199

숲의 고마움 • 204

하루살이와 매미의 일생 • 208

박쥐가 무서워 나비가 된 나방 • 213

다윈의 진화 이야기 – 종의 기원 • 216

멘델의 유전학 이야기 • 221

동종 교배를 피해 가는 생물의 지혜 • 224

생명와 환경 • 226

꿀벌이 사라지면? • 232

개똥벌레가 빛을 내는 이유 • 235

효소 이야기 • 239

펄떡이는 우주 과학 이야기 • 243
외계 생명체의 존재

재미있는
물리 이야기

최초의 과학자는
누구였을까?

인류 최초의 과학자는 누구였을까? 철학사와 과학사 책에서는 대부분 고대 그리스 시대에 살았던 밀레토스의 철학자 탈레스를 최초의 과학자로 다루고 있다. 기원전 624년경에 태어난 탈레스는 이집트를 여행하면서 이집트의 수학과 천문학을 그리스에 도입한 인물이며, 피라미드의 높이를 측정했고, 기원전 585년에는 개기일식을 예측하는 등 자연 철학자로서 업적을 남긴 인물이다.

탈레스는 피라미드의 높이를 재면서 비례식의 개념을 처음으로 도입한 사람이었다. 길이 1m의 막대를 땅 위에 세우고 막대 그림자의 길이가 막대의 길이와 같아지는 시간을 기다린다. 막대 그림자는 아침이나 해질 무렵에는 길게 늘어지고 정오에는 아주 짧아진다. 오전과 오후에 한 번씩 막대 길이와 그림자 길이가 같아진다. 막대와 그림자의 길이가 같아졌을 때 피라미드의 그림자 길이를 재면 바로 피라미드의 높이가 된다는 이치였다. 이것을 '그림자 비례식'이라고 부른다.

탈레스를 최초의 과학자라고 부르는 이유는 무엇일까? 탈레스가 살던 당시의 그리스 사람들은 모든 자연 현상을 신이 일으킨다고 믿었다. 즉, 올림포스 산에 12신이 살고 있어 이들이 각자 비, 구름, 바람 등을 맡고 있다고 믿었다. 천둥, 번개가 치는 것도 일식, 월식이 일어나는 것도 신들의 노여움 때문이라고 믿었다.

이러한 시기에 탈레스는 신을 배제한 상태에서 자연의 이치를 설명하려고 노력했다. 비가 오는 것은 신의 노여움 때문이 아니라 공중에 떠있는 수증기가 무거워지면서 땅으로 떨어지는 것이라고 설명하는 방식이었다.

그는 '만물의 근원은 무엇일까?' 하는 당시로서는 다소 황당한 질문을 던지고 그 질문에 답하고자 노력했다. 그는 만물의 근원을 물로 보았다. 물은 고체와 액체, 기체로 모양이 변하기 때문에 만물의 모습을 담고 있었고, 또 만물의 생존에 필수적인 요소이기 때문이었다.

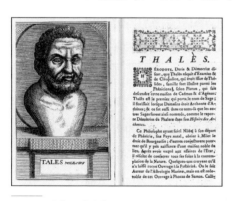

그림 1-1 밀레토스의 탈레스

탈레스에 관해서는 몇 가지 재미있는 일화가 전해진다. 밤마다 들판을 걸으며 하늘의 별을 관찰하던 그는 그만 웅덩이에 빠져버렸다. 그러자 사람들이 '발밑에 있는 웅덩이도 보지 못하면서 하늘의 별을 연구하다니…….'라며 비웃었다.

또 탈레스는 몹시 가난했던 모양이다. 사람들이 그를 조롱했다. "학문이 무슨 소용이오. 당신은 그렇게 많은 공부를 해도 늘 가난하기만 하잖소!"

탈레스는 학문을 이용해서도 얼마든지 돈을 벌 수 있다는 것을 보여주고 싶었다. 다음해 올리브 농사가 풍년이 될 것을 예측한 탈레스는 올리브 착유기(기름 짜는 기계)를 모두 사들였다. 그의 예측대로 풍년이 들자 아니나 다를까 착유기가 부족해졌다. 착유기를 매점한 탈레스는 많은 돈을 벌었다고 한다.

탈레스의 학풍을 이어받은 학파가 바로 밀레토스 학파였다. 밀레토스 학파는 기원전 6세기에 설립된 학파로 아낙시만드로스와 아낙시메네스로 이어졌다.

이들은 세계가 어떻게 이루어져 있는지에 대해 탐구하면서 철저히 신을 배제하고 자연의 이치로만 세상을 설명하려고 노력했다. 그래서 후대 사람들은 이들을 자연철학자로 분류하고 있다.

아리스토텔레스의 정의에 따르면 철학적 지혜란 모든 만물을 구성하는 실체에 대한 지식, 또는 만물을 구성하는 기본 원리나 제일 원인에 대한 지식이다. 신을 대입시키지 않고서 만물의 근원에 대해 처음으로 의문을 제기했다는 점에서 탈레스가 인류 최초의 과학자라는 영예를 안게 된 것이다.

밀레토스 학파의 뒤를 이어 100년 남짓 뒤에 나타난 플라톤, 아리스토텔레스 등이 그 다음의 과학자들로 분류된다. 이들은 모두 우리가 그리스 철학자라고 알고 있는 사람들이다.

지금의 관점에서 보면 철학과 과학은 양립할 수 없는 영역으로 보인다. 그러나 사물에 대한 근본 이치를 추구했다는 점에서 철학은 모든 학문의 출발점이었고 자연과학도 예외가 아니었다. 그래서 이들은 최초의 철학자이면서 동시에 최초의 과학자인 셈이다. 어느 분야든 지금도 박사를 가리키는 영어 표기는 Ph. D이다. 이는 Doctor of Philosophy의 약자이며, Philosophy는 '철학'이라는 뜻이다. 철학에서 수학이 나왔고, 수학에서 물리, 화학이 분가했으며, 다시 의학과 생리학이 분가하여 오늘날에 이르렀다. 이들의 공통점은 모두가 사물의 근본적인 이치에서 출발했다는 점이다.

과학이 독립적인 영역을 확보한 것은 비교적 근래의 일이다. 고전 물리학을 완성한 뉴턴도 자신을 물리학자가 아닌 철학자라고 생각했다. 그래서 뉴턴은 자신의 이론을 담은 저서 ≪프린키피아≫를 출간하면서 물리학이라는 단어를 넣는 대신 '자연철학의 수학적 원리'라는 제목을 붙였다. 철학은 만물의 이치를 밝히는 학문이고, 자신의 연구 결과는 자연의 이치를 수학적으로 풀이한 것이라는 의미에서였다.

뉴턴뿐만 아니라 우리가 잘 알고 있는 과학자 데카르트, 라이프니츠 등도 과학 이외에 철학, 신학, 역사 등에 조예가 깊은 사색가였다. 결국 모든 학문은 세상의 근본인 이치를 추구하는 과정에서 시작되었으며 그것을 논리적으로, 수학적으로 풀이한 것이 현대 과학이라고 보면 맞을 것이다.

과학이라는 용어가 처음 등장한 것은 19세기의 일이다. 1833년 영국 과학기술 진흥회에 참석한 학자들이 자신들의 다양한 관심사를 포괄할 수 있는 새로운 개념이 필요하다는 점에 인식을 같이했고, 그중 케임브리지 대학의 천문학자 윌리엄 휴얼이 '과학'이라는 단어를 제안하여 오늘에 이르게 된 것이다.

왕관에 숨은 비밀

아 르 키 메 데 스 의   원 리

아르키메데스는 기원전 287년경에 시칠리아 섬 시라쿠사에서 태어났다. 헬레니즘 시대 학문의 중심지는 알렉산더 대왕이 세운 도시 알렉산드리아였다. 아르키메데스 역시 젊은 날 알렉산드리아에서 유클리드 수학을 공부하고 시라쿠사로 돌아와 연구에 전념했다.

당시 시라쿠사는 카르타고와 동맹을 맺고 로마와 싸우고 있었다. 아르키메데스는 적을 막아내기 위해 교묘한 무기를 차례로 고안했다. 지레의 원리를 이용해 돌을 던지는 투석기, 로마의 배를 매달아 올린 뒤 떨어뜨려 침몰시킬 수 있도록 밧줄과 도르래와 고리를 조합하여 만든 도구, 일제히 거울을 비추어 배를 불태우는 장치 등에 대한 이야기가 플루타르크 영웅전에 남아 있다.

시라쿠사의 왕 히에론 2세는 신앙심이 두터운 사람이었다. 전쟁에서 승리를 거둘 때마다 신전을 세우거나 신전에 공물을 바쳤다. 어느 해 전

그림 1-2 아르키메데스의 거울. 햇빛을 반사해 로마 군함을 불태우고 있는 장면

쟁에서 승리한 히에론 2세는 신전에 황금으로 만든 왕관을 바치기로 하고서 뛰어난 세공사를 불러들여 그에게 황금 덩어리를 내주면서 훌륭한 왕관을 만들어 달라고 부탁했다.

왕은 아름다운 왕관을 보면서 만족스러워 했지만 곧 이런저런 좋지 않은 소문이 돌았다. 세공업자가 왕이 내린 황금 일부를 빼돌리고 상당량의 은을 섞어 만든 가짜 왕관이라는 소문이 돌았던 것이다.

고민을 거듭하던 왕은 당대의 과학자 아르키메데스를 불렀다. 왕관의 진위 여부를 가려 달라는 부탁을 하기 위해서였다. 겉보기에는 완벽한 황금 왕관, 여기에 은이 얼마나 섞였는지 어떻게 알아낸단 말인가? 아르키메데스는 여러 날을 고민했지만 묘안이 떠오르지 않았다.

어느 날 아르키메데스는 공중목욕탕에 갔다. 머릿속은 여전히 왕관 문제로 복잡했다. 아르키메데스가 물이 가득한 욕조에 몸을 담그는 순간 욕조의 물이 흘러넘쳤다. 순간 그는 "유레카!" 하고 외치면서 벌거벗은 채로 집으로 달려갔다.

물이 가득한 욕조에 몸을 담그면 흘러넘치는 물의 양은 물에 잠긴 신체의 부피와 같을 것이다. 진짜 황금 덩어리와 왕관을 물속에 넣어 흘러넘치는 물의 양을 비교해 보면 은이 얼마나 섞였는지 알 수 있을 것이다. 그가 외쳤던 '유레카!'는 '알았다!'라는 뜻이다.

집으로 돌아온 그는 곧바로 실험에 착수했다. 먼저 왕관과 같은 무게의 금덩이를 넣어 흘러넘치는 물의 양을 측정했다. 다음으로 왕관을 넣었다. 금덩이를 넣었을 때와 왕관을 넣었을 때 흘러넘친 물의 양이 차이가 났다. 그 차이를 가지고 아르키메데스는 왕관에 은이 얼마나 섞여 있는지를 밝힐 수 있었다.

그림 1-3 유레카! 목욕탕에서 왕관의 비밀을 밝혀낸 아르키메데스

기원전 212년경, 제2차 포에니 전쟁에서 시라쿠사는 로마 군에 의해 점령되었고, 아르키메데스는 로마 병사들이 도시를 약탈하는 동안에 살해되었다.

아르키메데스는 목욕탕에서 왕관의 비밀을 풀었지만 좀 더 중요한 자연의 이치도 하나 더 찾아냈다. 바로 '아르키메데스의 원리'라고 알려진 '부력의 원리'였다. 물속에 들어가면 왜 몸이 가벼워지는 듯한 느낌을 받는 것일까? 여기서 그가 알아낸 것은 모든 물체는 물속에 들어가면 물에 잠긴 부피와 같은 부피의 물 무게만큼 가벼워진다는 사실이었다. 이것이 '아르키메데스의 원리'이다.

같은 무게의 물체라도 부피에 따라 부력에서 차이가 난다. 팽팽한 공을 물속에 넣으려면 힘이 들지만 바람 빠진 공을 물속에 집어넣기는 아주 쉽다. 그것이 바로 부피의 차이 때문이다. 무거운 쇠붙이는 물속으로 가라앉는다. 그럼 쇠로 만든 거대한 군함은 어떻게 물 위에 뜨는 것일까? 군함 자체는 쇠로 만들었기 때문에 무겁지만 물에 잠기는 부피가 크다. 따라서 물에 잠긴 부피의 물 무게만큼 가벼워지기 때문에 물에 뜨는 것이다.

여기서 우리가 알 수 있는 것은 물에 뜨느냐 가라앉느냐 하는 문제는 무게의 문제가 아니라 밀도의 문제라는 것이다. 밀도란 무게를 부피로 나눈 값이다. 따라서 무게가 무거워도 부피가 커서 물보다 밀도가 낮아지면 뜰 수 있는 것이다.

그럼 물속과 물 위를 자유롭게 다니는 잠수함의 원리는 무엇일까? 잠수함은 배의 앞부분과 뒷부분에 넓은 공간이 있다. 이곳에 바닷물을 채우거나, 바닷물을 뽑아내고 압축 공기를 채우거나 조절할 수 있다. 이곳에 바닷물을 채우면 잠수함이 무거워지면서 가라앉고 압축 공기를 채우면 물 위로 떠오르게 된다. 이것이 잠수함의 원리다.

빙산의 일각이라는 속담이 있다. 얼음 덩어리인 빙산은 일부만 물 위에 드러나고 대부분은 물속에 잠겨 있다는 말이다. 그 이치를 알아보자.

우선 얼음은 어떻게 물에 뜰까? 물은 0℃ 이하의 온도가 되면 얼음으로 변하는데, 이때는 부피가 약 10% 늘어난다. 10cm³의 물을 얼리면 부피는 약 11cm³로 늘어나는 것이다. 같은 무게라도 부피가 커지면 비중은 낮아진다. 얼음 덩어리를 물에 넣으면 일부만 물 위로 모습을 드러내고 나머지는 물속으로 가라앉는다. 물의 비중을 1이라고 하면 얼음의 비중은 0.917 정도이기 때문에 90%는 물속에 잠기고 10% 정도가 물 위로 모습을 드러내는 것이다. 그래서 빙산의 일각이라는 말이 생겨났다. 물 위에 뜬 얼음만 보고 전체를 쉽게 추측하지 말라는 의미이다.

그런데 부력이 생기는 근본 이치는 무엇일까? 물은 본래 수평을 이루려는 성질이 있다. 물속에 다른 물체가 들어오면 물은 평형을 이루기 위해 물체에 압력을 가하게 된다. 이것이 바로 부력이다.

지렛대로 지구를 들어올리겠다

지레는 무거운 물체에 닿는 작용점, 지렛대를 받치는 받침점, 그리고 힘을 가하는 힘점으로 구성되어 있다.

물체의 무게를 w라고 하고, 힘점에 가하는 힘을 f라고 하고, 물체와 받침점 사이의 거리를 a, 받침점과 힘점 사이의 거리를 b라고 하면 a×w=b×f 식이 성립된다. 즉 힘점에 가하는 힘은 물체 무게의 a/b만큼 줄어든다.

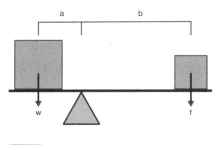

그림 1-4 지렛대의 원리

지레의 원리를 알고 있던 아르키메데스는 지렛대와 설 자리만 준다면 지구를 들어올리겠다고 큰소리쳤지만 이는 현실적으로 불가능하다. 과학자들이 계산한 바에 따르면 몸무게 70kg인 사람이 5.98X10억 톤 무게의 지구를 들어올리려면 길이 8.5X10km의 지렛대가 필요하다. 실제로 그런 지렛대는 있을 수가 없다.

인류가 지렛대를 이용할 줄 몰랐다면 어떻게 됐을까? 피라미드 같은 기념비적인 건축물은 하나도 존재할 수 없었을 것이다. 지렛대는 공사장뿐만 아니라 우리 주변에서도 얼마든지 볼 수 있다. 손톱깎이, 핀셋, 가위, 병따개, 못을 뽑는 펜치, 장도리, 작두, 대저울, 시소, 자동차 바퀴를 갈 때 자동차를 들어 올리는 장비 등이 모두 지레의 원리를 이용한 것들이다.

지구의 둘레를 재다

에 라 토 스 테 네 스

지구의 둘레는 얼마나 될까? 그리고 그것을 최초로 측정한 사람은 누구였을까? 바로 그리스 시대의 에라토스테네스(B.C.276~194)였다. 그는 아테네와 알렉산드리아에서 공부했다.

알렉산드리아는 참 재미있는 도시다. 알렉산더 대왕이 이곳을 점령한 후 수도로 삼았으며, 학문의 중심지로 육성하기 위해 대학과 도서관을 세우고 학자들을 불러들여 학문을 연구케 한 곳이다. 기하학의 아버지 유클리드, 천동설을 주장했던 프톨레마이오스, 지동설을 주장한 아리스타르코스 등 유명한 고대 학자들이 모두 이곳에서 공부했다. 지구 둘레를 측정한 에라토스테네스도 마찬가지였다.

에라토스테네스는 수학, 천문학, 지리학은 물론 문학과 희곡에도 능한 사람으로 천문학의 요소를 신비한 언어로 적은 시 〈헤르메스〉를 남긴 인물이기도 하다.

기원전 236년, 에라토스테네스는 당시의 왕 프톨레마이오스 3세의 초청을 받아 왕자들의 스승 겸 알렉산드리아 도서관의 관장이 되었다. 지적 욕구가 왕성했던 그는 이 도서관의 풍부한 자료들을 가지고 마음껏 연구에 몰두할 수 있었다.

 그는 고대문서 파피루스를 읽던 중 흥미로운 사실 하나를 발견했다. 알렉산드리아에서 800km 정도 떨어진 이집트의 도시 시에네에서는 하지인 6월 21일이 되면 사원 기둥의 그림자가 사라지며 우물이 바닥까지 훤하게 들여다보인다는 내용이었다. 그 내용을 원문으로 보자.

 '남쪽 시에네 지방, 나일강 가까운 곳에서는 6월 21일 정오에 수직으로 꽂은 막대기가 그림자를 드리우지 않는다. 1년 중 낮이 가장 긴 하짓날에는 한낮에 가까울수록 사원의 기둥들이 드리우는 그림자가 점점 짧아지고 정오가 되면 아예 없어지며 그때 깊은 우물 속 수면 위로 태양이 비춰 보인다.'

 이 구절을 되풀이해서 읽던 에라토스테네스는 무릎을 쳤다. 사원 기둥의 그림자가 없어지고 우물이 바닥까지 보인다는 것은 태양이 수직으로 비춘다는 이야기다. 그는 이렇게 생각했다.

 '시에네 지역에서 그림자가 없어지는 순간에도 다른 지역에서는 그림자를 드리울 것이다. 그 그림자의 각도와 두 지점 사이의 거리를 알면 지구의 둘레를 측정할 수 있지 않을까?'

 그는 하지가 되면 알렉산드리아부터 관찰하기로 했다. 드디어 하짓날이 다가왔다. 그의 예상대로 알렉산드리아 사원 기둥의 그림자는 짧아지기는 했지만 아주 없어지지는 않았다. 에라토스테네스의 머릿속에서 섬광 같은 아이디어 떠올랐다.

'하짓날에 알렉산드리아에서 드리우는 사원 기둥의 그림자 각도와 알렉산드리아에서 시에나까지의 거리만 알면 지구의 둘레를 알 수 있다!'

그는 다음 하짓날을 기다리는 동안 먼저 알렉산드리아와 시에나 사이의 거리를 측정했다. 측정 방법으로 보폭을 일정하게 떼도록 훈련받은 하인에게 알렉산드리아에서 시에나까지 몇 발자국인지를 재도록 시켰다는 이야기가 전해진다. 그렇게 알아낸 거리가 약 925km였다.

그러나 이 이야기는 그대로 믿기가 어렵다. 아무리 잘 훈련받은 사람이라고 해도 925km나 되는 거리를 어떻게 일정한 보폭으로 걸을 수 있단 말인가. 몇 개월은 족히 걸렸을 거리를 말이다.

좀 더 현실적인 방법으로 낙타를 이용했다는 이야기도 있다. 낙타를 타고 알렉산드리아에서 시네에까지 가는 데 50일이 걸렸다. 낙타가 하루 이동하는 거리는 대략 100스타디아였다(1스타디아=185m). 이것을 km로 환산하면 925km란 값을 얻을 수 있다.

그는 이 값을 가지고 하지가 되기를 기다렸으나 그해 하짓날에 구름이 끼어 1년을 더 연기해야만 했다.

이듬해 하짓날, 마침내 뜨거운 태양이 떠올랐고 사원 기둥의 그림자가 점점 짧아졌다. 정오가 되자 기둥과 그림자의 각도가 7.2도가 되었다. 지구가 둥글다고 확신하고 있던 그는 자신이 측정한 값 7.2도를 360도에 대응하여 지구 둘레를 계산했다. 지구의 둘레를 X라고 한다면 다음과 같은 식이 성립한다.

$$7.2 : 360 = 925 : X$$

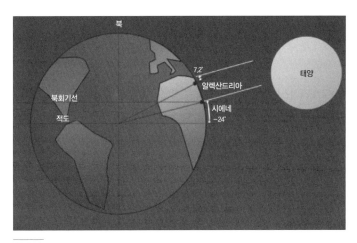

그림 1-5 에라토스테네스의 지구 둘레 측정법

이것을 X에 대해서 풀면 지구 둘레는 46,250km가 된다. 오늘날의 공인 값 40,000km와 15% 정도 차이가 난다. 이렇게 원시적인 방법을 이용하여 그 정도 오차로 지구 둘레를 구했다는 것이 놀랍기만 하다.

에라토스테네스가 측정한 방법에 대해 좀 더 살펴보자. 그의 방법으로 지구 둘레를 측정하려면 반드시 두 지점은 같은 경도 위에 있어야 한다. 경도가 다르면 엉뚱한 값이 나온다. 요즘의 지구과학 지식으로 보면 알렉산드리아와 시에네(이집트 아스완댐 부근)는 같은 경도가 아니라 바로 이웃한 경도에 자리하고 있다. 이 때문에 약 600km 정도의 차이가 난 것이다.

에라토스테네스의 채

에라토스테네스는 소수를 가려내는 방법을 고안하여 수학에서도 업적을 남겼다. 그 방법을 '에라토스테네스의 채'라고 부른다.

소수란 약수가 두 개뿐인 수를 가리키는 말이다. 예를 들어, 2는 1과 2 자신으로만 나누어지고 3도 1과 3 자신으로만 나누어지므로 소수다. 약수가 세 개 이상인 수는 합성수라고 부른다. 10은 1, 2, 5, 10으로 나누어지기 때문에 합성수다. 1은 1 자신으로만 나누어지기 때문에 소수가 아니다. 그래서 가장 작은 소수는 2이며 그 다음 소수는 3, 5, 7……로 이어진다.

이제 에라토스테네스의 채를 이용하여 1부터 100까지의 숫자 중에서 소수를 찾아보자. 우선 1은 제외하고 2의 배수들을 모두 지워나간다. 4, 6, 8, 10, 12 …… 등이 지워진다. 다음에는 남은 수들 중에서 3의 배수들을 지워나간다. 9, 15, 21 …… 등이 지워진다. 다음으로, 4는 이미 지워졌으므로 5의 배수들을 지워나간다. 25, 35, 45 …… 등이 지워진다. 이런 방법으로 숫자를 지워나가면 소수만 남는다. 이렇게 하면 1에서 100 사이의 소수는 모두 25개가 된다(2, 3, 5, 7, 11, 13, 17, 19, 23, 29, 31, 37, 41, 43, 47, 53, 59, 61, 67, 71, 73, 79, 83, 89, 97).

수학자들은 가장 큰 소수 찾기에 뛰어들었다. 1963년 일리노이대 연구원 도널드 길리스는 슈퍼컴퓨터로 $2^{9689}-1$, $2^{9941}-1$, $2^{11213}-1$ 세 개의 소수를 찾아냈다. 그로부터 8년 후 터커맨이라는 사람이 $2^{19937}-1$을 발견하며 그 기록을 깼다.

1978년 로라 닉켈과 커트 놀이라는 두 고등학생이 대형컴퓨터를 440시간 동안 돌려 소수 $2^{21701}-1$을 찾아 기록을 깼고, 그해 데이비드 슬로빈스키가 $2^{44497}-1$을 발견했다. 지금까지 알려진 가장 큰 소수는 2005년 독일의 마틴 노왁이 발견한 $2^{25964961}-1$이다. 큰 소수를 찾는 것은 암호학에서 큰 역할을 한다. 아주 큰 두 소수를 곱해 어떤 수를 만들면, 반대로 그 수가 어떤 두 소수의 곱인지 알아야 암호가 풀리기 때문이다. 이런 암호의 해독은 아주 오래 걸릴 수밖에 없다.

과학에 임하는 자세

갈 릴 레 이   이 야 기

    갈릴레이(1564~1642)는 현대 과학의 지평을 연 사람으로 기록되고 있다. 그는 원래 의사가 되기 위해 피사 대학 의학부에 입학했다. 그러나 당시 피사 대학은 플라톤과 아리스토텔레스를 무비판적으로 가르치는 스콜라 철학자들이 자리를 차지하고 있어 갈릴레이는 공부에 흥미를 잃었다.

    갈릴레이는 공부보다는 귀족 자녀들이 다니는 아카데미를 기웃거리기를 좋아했다. 마침 그곳에서는 오스탈리오릿치 교수가 유클리드 기하학과 아르키메데스의 물리학을 가르치고 있었다. 그곳에서 갈릴레이는 단박에 수학과 과학에 빠져들었다. 이것이 계기가 되어 그는 학교를 그만두고 과학자의 길로 접어들었다.

    과학에 관심을 가지면서 갈릴레이는 학교에서 배웠던 아리스토텔레스의 이론에 하나둘 의문을 품기 시작했다. 그중 하나가 물체의 낙하운

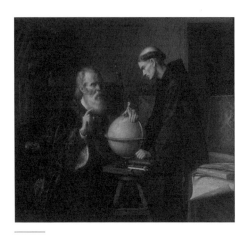

그림 1-6 이탈리아의 파두아 대학에서 최신 천문학 이론에 대해 설명하고 있는 갈릴레이

동이었다. 무거운 물체와 가벼운 물체를 공중에서 동시에 떨어뜨리면 무거운 물체가 먼저 떨어진다는 이론은 아리스토텔레스 이후 2000년 동안 불변의 진리로 남아 있었다. 갈릴레이는 그 이론에 의문을 품었다.

그는 무거운 물체가 더 빨리 떨어지는 것은 부피가 작아서 공기의 저항을 적게 받기 때문이라는 데까지 생각이 미치자 고향에 있는 탑으로 달려갔다. 그의 고향인 피사에는 '피사의 사탑'이라 불리는 탑이 있었는데, 한쪽으로 기울어져 있어 붙여진 이름이었다.

그는 그곳에서 종이를 그냥 떨어뜨려 보고 다음에는 공처럼 뭉쳐서 떨어뜨려 봤다. 공기의 저항을 알아보기 위한 실험이었다. 결과는 뭉쳐진 종이가 훨씬 더 빨리 떨어졌다. 그렇다면 동일한 무게의 물체는 동시에 떨어진다는 아리스토텔레스의 이론은 진리가 아니게 된다.

다음에는 추와 종이를 동시에 떨어뜨려 보았다. 당연히 무거운 추가 먼저 땅으로 떨어졌다. 그러면 추에 종이를 붙여서 떨어뜨린다면 어떻게 될까? 추의 무게에 종이의 무게까지 합쳐지니 훨씬 더 빨리 떨어져야 할 것이다. 그러나 결과는 추 하나를 떨어뜨릴 때보다 더 늦게 떨어졌다. 그렇다면 물체의 낙하속도는 무게에 비례한다는 것은 진리가 아니게 된다. 그 이유는 무엇 때문인가? 그의 생각대로 종이의 부피가 공기의 저항을 받기 때문이다.

이 이론을 요즘 사례에 적용시켜 보자. 사람이 공중에서 그냥 뛰어내릴 경우와 낙하산을 메고 뛰어내릴 경우, 어느 쪽이 먼저 땅에 떨어질까? 아리스토텔레스의 이론대로라면 당연히 낙하산을 메고 뛰어내리는 경우가 더 무겁기 때문에 더 빨리 땅에 닿아야 한다. 그러나 이는 우리가 알고 있듯이 사실이 아니다. 이렇게 해서 2천 년 넘게 만고불변의 진리로 군림했던 아리스토텔레스의 이론은 휴지조각이 되고 말았다.

과학적인 접근은 '정말 그럴까?' 아니면 '왜 그럴까?' 하는 의문에서 시작된다. 갈릴레이가 품은 의문부호 하나가 2천 년 동안 진리라고 여겼던 이론을 뒤집은 것이다.

갈릴레이도 실제로 피사의 사탑에서 이런 실험을 한 것은 아니라고 한다. 과학적인 사유의 결과였다. 갈릴레이의 제자 비비아니가 스승을 존경한 나머지 꾸며낸 이야기라는 것이다.

갈릴레이의 다음 관심사는 떨어지는 물체의 속도와 위치의 관계였다. 높은 곳에서 물체를 떨어뜨렸을 때 1초 , 2초, 3초 후의 속도와 위치는 어떠한가에 대한 문제였다. 그러나 당시에는 시간을 정밀하게 측정할 수 있는 시계가 없어서 정확한 측정이 불가능했다.

갈릴레이는 기발한 생각을 떠올렸다. 비스듬하게 세워 놓은 경사면 위에서 구슬을 굴려 보는 것이었다. 경사면 위에서 구슬을 굴린다는 것은 공중에서 자유낙하하는 물체의 모습을 느리게 재현하는 것과 같을 거라는 생각에서였다. 참으로 기발한 생각이다.

반복된 경사면 실험을 통해서 갈릴레이는 구슬이 굴러가는 속도는 시간에 비례하여 가속적으로 빨라진다는 사실을 확인했다. 구슬이 굴러가는 속도는 2초가 지나면 1초 때보다 2배의 속도가 되고, 3초가 되면

1초 때보다 3배의 속도가 된다는 것을 확인한 것이다.

그러면 구슬이 굴러간 거리는 시간과 어떤 관계가 있을까? 그는 구슬이 굴러간 거리는 흘러간 시간의 제곱에 비례한다는 사실을 밝혀냈다. 즉, 2초가 지났을 때는 1초가 지났을 때 움직인 거리의 4배를 굴러갔으며, 3초가 지났을 때는 처음 1초가 지났을 때 굴러간 거리의 9배를 굴러간다는 것이다.

정확하게 정리하면 물체를 공중에서 자유낙하시킬 때 시간이 지날 때마다 빨라지는 속도, 즉 가속도는 1초당 9.8m이다. 공중에서 가만히 떨어뜨린 물체의 속도는 1초 후에는 9.8m, 2초 후에는 2배인 19.6m, 3초 후에는 29.4m의 속도로 떨어지게 된다.

한편 떨어진 거리는 1초 후에는 4.9m, 2초 후에는 처음 거리의 4배인 19.6m, 3초 후에는 처음 거리의 9배인 44.1m를 낙하한다. 갈릴레이는 자유낙하 물체의 가속도와 물체가 움직인 거리가 어떻게 변하는지는 알아냈으나 그 원인은 알지 못했다. 그것이 만유인력 때문이라는 것은 후일 뉴턴이 발견했다.

갈릴레이는 16, 17세기를 살았던 이탈리아 과학자로 근대 과학 혁명을 주도했고 코페르니쿠스의 지동설을 옹호했다. 갈릴레이가 죽던 해에 영국에서 뉴턴이 태어나 그의 과학 사상을 이어받으니, 참으로 묘한 인연이자 재미있는 과학의 역사다.

말들의 줄다리기

토 리 첼 리

17세기 이탈리아 반도는 여러 소국들로 나누어져 있었다. 그중 토스카나는 이탈리아 북부 지역의 중심 도시로 많은 인재들을 배출한 아름다운 땅이다. 레오나르도 다 빈치, 미켈란젤로 등이 그곳 출신이며 갈릴레이의 고향 피사와도 가깝다.

1640년, 토스카나 대공은 궁정 내에 펌프로 물을 퍼 올릴 수 있는 우물을 하나 파도록 지시했다. 그러나 지대가 높은 곳이었던지 12m를 파 내려 가서야 겨우 물을 발견할 수 있었다. 그런데 그곳에 파이프를 박아 펌프를 설치하고 펌프질을 했으나 물은 올라오지 않았다. 이상한 일이었다. 대공은 당대의 과학자 갈릴레이에게 자문을 구했다.

알다시피 펌프는 마중물을 붓고 펌프질을 통해 관 내부의 공기를 뽑아내어 진공을 만들면 그 진공의 힘으로 물을 끌어올리는 원리를 이용하는 것이다. 우물을 살펴본 갈릴레이는 펌프의 진공에 한계가 있는 게 아닐까 생각했다. 그러나 당시의 갈릴레이는 이 문제를 파고들기에는 너무 나이가 많았다.

갈릴레이에게는 두 명의 제자가 있었다. 한 사람은 갈릴레이의 자서전을 쓴 비비아니였으며, 다른 한 사람은 토리첼리(1608~1647)였다. 갈릴레이는 토리첼리에게 이 문제를 맡기고 2년 후에 세상을 떠났다.

스승에게 과제를 받은 토리첼리는 난감했다. 진공이 어느 정도까지 물을 끌어올릴 수 있는지를 실험하려면 우물 깊이와 같은 길이의 유리관이 있어야 하지만 당시의 기술로는 그런 유리관을 만들 수 없었다.

생각을 거듭하던 토리첼리는 물보다 13.6배나 무거운 수은을 써보기로 했다. 수은을 사용하면 1m 남짓한 유리관으로도 실험이 가능할 것이라는 생각에서였다.

그는 한쪽 끝이 막힌 유리관 속에 수은을 가득 채우고 역시 수은이 담겨 있는 그릇에 거꾸로 세워 보았다. 그러자 1m 높이에 있던 수은주는 76cm 높이까지 내려가더니 멈추어 섰다. 그리고 유리관 속에는 24cm의 빈 공간이 생겼다.

그곳은 공기가 들어갈 틈이 전혀 없는 공간, 즉 진공이었다. 이 실험으로 자연계에서 진공은 존재할 수 없다는 아리스토텔레스의 이론 하나가 다시 깨지는 순간이었다.

후세 사람들은 그의 업적을 기념하기 위해 이 진공의 이름을 '토리첼리의 진공'이라고 이름 붙였다. 대기의 압력을 나타내는 물리학의 단위 토르(Torr)는 그의 이름을 딴 것이다. 때로는 수은주의 높이라 하여 Hg 단위를 쓰기도 한다.

토리첼리는 실험을 거듭해 보았지만 수은주의 높이가 조금씩 다르기는 해도 거의 76cm에서 멈추었다. 여기서 토리첼리는 그릇에 담긴 수은의 표면을 누르는 공기의 힘이 수은주를 76cm까지 밀어 올린다는 사실을 깨달았다. 높이가 조금씩 변하는 것은 대기의 압력이 변하기 때문이라는 것도 알았다. 즉, 수은의 무게를 떠받치고 있는 것은 대기의 압력이었던 것이다.

이것을 앞서의 우물 문제에 적용해 보자. 대기의 압력이 수은주를 밀어 올릴 수 있는 한계는 76cm이다. 수은의 비중이 물의 13.6배이므로 이론상으로는 물을 10m 33cm까지 끌어올릴 수 있다. 그러나 펌프로는 관 내부에 완전한 진공을 만들 수 없으므로 물은 대략 6~8m 높이밖에 끌어올릴 수가 없다. 즉, 대공이 판 깊이 12m의 우물에서는 절대로 펌프를 이용하여 물을 끌어올릴 수 없다는 이야기가 된다.

한편, 1602년 독일 작센 지방의 마그데부르크에서 오토 폰 괴리케라는 이름의 남자가 태어났다. 그는 젊어서 기하학과 역학을 공부하고 나중에는 마그데부르크의 시장이 되어 오랫동안 재직했다.

시장으로 있으면서도 과학에 대한 흥미와 관심을 잃지 않았던 그는 공기에도 무게가 있다는 갈릴레이의 연구와 토리첼리의 진공 실험 소식에 특히 관심을 가졌다. 그는 진공펌프를 만들어 보기로 했다.

나무통에 물을 가득 담고 펌프로 통의 물을 모두 뽑아내면 진공 상태가 되지 않을까 하는 것이 그의 생각이었다. 그러나 나무판자의 이음새로 틈이 벌어지면서 실험은 실패로 끝났다.

다음으로는 구리로 만든 반구 두 개를 마주 붙여 지름 30인치 정도의 구를 만들었다. 이것을 공기가 새지 않도록 틈새를 밀랍으로 봉하고 진공펌프를 이용하여 공기를 뽑아냈다. 그러자 완벽한 진공 반구가 만들

그림 1-7 마그데부르크 반구. 양쪽으로 각각 6마리씩 모두 12마리의 말이 끌어당기는 실험을 하고 있는 모습과 당시에 괴리케가 사용했던 실제 반구와 진공펌프(뮌헨의 국립독일박물관 소장)

어졌다. 그는 말이 끌어도 반구를 떼지 못할 것이라고 장담했다.

그 소식을 들은 황제 페르디난드 3세는 자신의 앞에서 실험을 해 보도록 명했다. 괴리케는 진공 반구 양쪽에 고리를 달고 여기에 말을 매어 반대 방향으로 끌게 했으나 반구는 떨어지지 않았다. 계속하여 말의 숫자를 늘려갔고, 말이 16마리가 되어서야 비로소 반구는 큰 소리를 내면서 두 조각으로 갈라졌다.

그 후 괴리케는 지름 1m가 되는 반구를 만들어 이것을 떼어놓으려면 얼마 정도의 힘이 필요한지 실험해 보았는데 24마리의 말이 힘을 써도 떨어지지 않았다고 한다. 바로 대기가 누르는 힘 때문이다.

이렇게 엄청난 힘을 가진 공기의 압력을 우리는 왜 전혀 느끼지 못하는 것일까? 그것은 우리 몸이 외부에서 받는 공기의 압력과 같은 압력이 몸속으로부터 바깥쪽을 향해서 동시에 작용하고 있기 때문이다.

진리에 이르는 험난한 길

지 동 설 의   역 사

지금은 모두가 알고 있는 '지동설'이 진리로 인정받기까지는 무려 1,400년의 세월이 걸렸다. 그리고 지동설을 주장하던 많은 사람들이 수난을 당해야 했다. 진리에 이르는 길은 그만큼 험난하다.

고대 그리스 사람들은 지구가 우주의 중심이며, 고정되어 있는 지구를 중심으로 태양과 달, 그리고 다섯 개의 행성들이 돌고 있다고 생각했다. 이것을 '지구중심설' 혹은 '천동설'이라고 부른다.

천동설의 가장 강력한 주장자는 아리스토텔레스였다. 그는 논리학자, 시인, 과학자, 생물학자, 철학자로 많은 분야에 대해 해박한 지식을 가진 학자였으며, 알렉산더 대왕의 스승이기도 하여 그의 한마디는 그대로 진리로 여겨졌던 것이다.

아리스토텔레스의 충실한 제자였던 프톨레마이오스는 스승의 이론이 완벽하지 않음을 발견했다. 예를 들면, 화성의 경우 수개월 동안 보통 별과 같이 움직이다가 약 2개월은 반대 방향으로 움직이고 다시 이전의 방향으로 움직였던 것이다. 이것을 어떻게 설명할 것인가?

프톨레마이오스는 이 현상을 행성들이 작은 원을 그리면서 다시 큰 궤도를 돌고 있기 때문이라고 설명했다. 그의 천문학적 업적은 그의 저서 '수학적 모음집'에 들어 있다. 9세기 아라비아의 천문학자들은 이 책을 최고라는 의미로 '알마게스트'라고 불렀다. 이것으로 고대의 우주관은 완성되었으며 중세 기독교의 교리로 공인되면서 1,400년 동안 불변의 진리가 되었다. 또한 지구가 고정되어 있지 않고 자전을 한다면 수직으로 위를 향해 던진 물체는 같은 지점에 떨어지지 않아야 하지만 실제로는 그 반대라고 주장했다.

그러다가 중세에 들어 지동설을 주장하는 사람들이 나타났다. 코페르니쿠스, 조르다노, 갈릴레이 세 사람이었다. 폴란드 출신의 코페르니쿠스는 신부가 되기 위해 크라쿠프 대학에 입학했다. 여기서 불제프스키 교수로부터 수학과 천문학 강의를 들으면서 프톨레마이오스의 우주관이 완벽하지 않다는 것을 알게 되었으며, 여기서 인생항로가 수정되었다.

당시에는 교회 내부적으로도 문제가 있었다. 율리우스 달력을 사용한 탓에 춘분과 부활절이 정확하지 않았고, 이로 말미암아 교회의 권위에 문제가 생길 정도였다. 교황은 코페르니쿠스에게 새로운 달력을 만들라는 명을 내렸다.

이를 위해 천체를 연구하던 코페르니쿠스는 지구를 중심에 고정시키는 대신 태양을 중심으로 수성, 금성, 지구, 화성, 토성 등의 행성이 원운동을 한다고 가정하면 훨씬 더 정확한 달력을 만들 수 있다는 것을 알게 되었다.

여기서 그는 자신의 학설을 ≪천체의 회전에 관하여≫라는 제목의 책으로 엮었다. 이 책의 핵심 내용은 지구는 하루 한 번씩 자전하며, 1년에 한 번씩 태양 주위를 공전한다는 것이었다.

그러나 교회 신부의 몸으로 그런 주장을 담은 책을 출판할 수는 없었다. 그는 죽음에 임박해서야 출간을 허락받아 죽기 직전에 책을 받아보고 눈을 감았다.

코페르니쿠스가 쓴 책을 가장 열심히 읽은 사람은 코페르니쿠스가 죽은 뒤 5년 후에 태어난 조르다노 브루노였다. 그는 도미니코회 수사였지만, 그 역시 코페르니쿠스의 책을 읽고 난 후 세계관과 자신의 인생 모든 것이 바뀌었다. 브루노는 아리스토텔레스나 그의 제자 프톨레마이오스의 이론이 새빨간 거짓이라고 비난했다.

그림 1-8 코페르니쿠스와 라틴어로 쓰인 ≪천체의 회전에 관하여≫

그는 수도회를 나와 유럽을 떠돌면서 지동설을 가르쳤고 가톨릭 교회를 비난했다. 그러다 결국 체포되었지만 감옥에서도 6년 동안 자신의 주장을 굽히지 않았다. 결국 화형을 선고받은 그는 교황과 추기경이 지켜보는 앞에서 불에 타 죽었다.

브루노의 우주관은 오늘날의 천문학 지식과 거의 흡사했다. 지구가 태양의 둘레를 돌고 있는 것은 물론이고 우주는 무수히 많은 다른 태양들이 존재하는 무한한 세계라고 보았던 것이다.

브루노가 죽고 나서 4년 후인 1564년 2월 15일, 갈릴레오 갈릴레이가 태어났다. 이날은 운이 좋은 날인지 영국에서는 세계적인 문호 셰익스피어(1564~1616)가 태어난 날이기도 하다.

갈릴레이는 젊어서부터 비범한 재능을 발휘하기 시작했다. 성당 천장에 걸린 램프를 보고 진자의 법칙을 발견했으며, 피사의 사탑에서 낙하 실험을 통해 무거운 물체가 먼저 떨어진다는 아리스토텔레스의 이론을 뒤집었다. 또 망원경을 만들어 천체를 관찰하면서 코페르니쿠스의 주장에 동조했다.

1632년에 출간된 저서 ≪프톨레마이오스와 코페르니쿠스의 두 우주관에 관한 대화≫에서 갈릴레이는 코페르니쿠스의 주장이 옳다고 주장했다.

그러자 바짝 긴장한 교황청은 브루노를 화형에 처했던 추기경 벨라르미네로 하여금 그를 감시하게 했다. 마침내 갈릴레이는 추기경에 의해 고발되었다. 로마의 이단 심문소 법정에 선 그는 자신의 주장에 대해 과학적인 논증을 제시하지 못했다.

1633년 6월, 마침내 갈릴레이는 코페르니쿠스의 학설을 포기하겠다는 서약서를 읽고 이를 맹세했다. 그것으로 그는 사형을 면할 수 있었다. 그가 법정을 나서면서 했다는 말, "그래도 지구는 돈다"는 아마도 혼잣말이었거나 후대에 낭만적인 사람들이 지어낸 말이 아닌가 생각된다. 코페르니쿠스의 이론은 명쾌하기는 했지만 실제 천체의 운행과 정확히 맞아 떨어지지 않았다. 그는 행성의 궤도를 온전한 원이라고 보았으며 천체들이 수정구에 붙어 있다고 생각했던 것이다.

행성운동의 법칙

케 플 러

갈릴레이가 죽은 뒤 30년 후에 태어난 독일의 천문학자 요하네스 케 플러(1571~1630). 그가 천체 운동의 법칙을 발표하면서 천동설은 종말을 고하고 코페르니쿠스의 지동설이 그 자리를 대신하게 되었다.

케플러는 용병 출신 아버지와 여관집 딸이었던 어머니 사이에서 태어났다. 집은 가난했지만 머리가 뛰어나 장학금을 받으며 튀빙겐 대학에 진학할 수 있었다. 학교를 졸업하고 성직자가 되기로 결심했으나 대학에서 코페르니쿠스의 천문학을 접하면서 인생행로가 바뀌었다.

그의 관심사는 그리스인들이 연구했던 정다면체였다. 세상에는 5가지 종류의 정다면체만 존재한다. 정사면체, 정육면체, 정팔면체, 정십이면체, 정이십면체가 그것이다. 그는 자연 속에 정다면체의 패턴들이 숨어 있을 거라고 생각했다. 우주의 구조나 행성의 궤도 역시 정다면체와 어떤 관련이 있을 거라고 생각했다.

그림 1-9 케플러와 대혜성 관찰. 케플러는 여섯 살이었던 1577년에 '어머니 손에 이끌려 혜성을 관찰하게 되었다'고 쓰고 있다. 케플러는 이때부터 천문학에 대해 큰 관심을 갖게 된다.

그는 자신의 생각을 여러 사람들에게 보냈는데, 그중에는 티코 브라헤라는 과학자도 있었다. 브라헤는 육안으로 별을 관찰하여 방대한 분량의 자료를 가지고 있던 당대의 천문학자였다.

브라헤는 케플러의 수학적인 재능에 감동하여 그를 프라하의 천문대 연구원으로 초빙했다. 그러나 이듬해 브라헤가 죽자 케플러는 브라헤가 남긴 방대한 자료를 가지고 연구에 임할 수 있었다.

케플러는 스승 브라헤가 남긴 자료를 가지고 화성을 관측했지만 원을 가지고는 화성의 궤도를 그릴 수가 없었다. 마침내 그는 화성이 원이 아닌 타원 궤도를 돌고 있으며, 타원의 두 개의 초점 중 하나가 태양이라는 것을 밝혀냈다.

이것으로 그는 행성들이 태양을 중심으로 원운동이 아닌 타원운동을 하며 단위 시간당 행성과 태양을 잇는 파이 모양의 부채꼴 면적은 동일하다는 것을 밝혀냈다. 행성이 움직이는 속도는 위치에 따라 다르다. 즉, 태양 가까이 접근할 때는 태양의 중력에 이끌리기 때문에 빨라지며 멀리 있을 때는 느려진다.

당시의 우주관으로는 행성이 완전한 원운동이 아닌 타원운동을 한다는 것을 절대 상상할 수 없었다. 이렇게 하여 케플러는 천체 운행에 관한 3개의 법칙을 세상에 내놓았다.

• 행성의 궤도는 태양을 한쪽 초점으로 하는 타원을 그린다.

- 행성이 일정 시간 동안 지나는/휩쓰는 면적은 동일하다.
- 행성의 공전 주기는 타원의 크기에 비례하고, 공전 주기의 제곱은 긴 궤도의 반경의 세제곱에 비례한다.

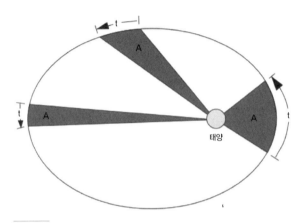

그림 1-10 케플러의 법칙 2. 행성이 일정 시간(t) 동안 지나는 면적(A)은 모두 같다.

흑사병과 만유인력

뉴 턴

고전 물리학을 완성한 위대한 천재 아이작 뉴턴(1642~1727)은 유년 시절 외톨이로 자라면서 내성적인 성격의 소유자가 되었다. 뉴턴의 아버지는 그가 태어나기 전에 죽었고, 젊은 어머니는 뉴턴이 세 살이 되었을 때 이웃 마을의 목사와 결혼하는 바람에 뉴턴은 할머니와 함께 살아야 했다.

뉴턴은 어머니와 어머니를 빼앗아간 의붓아버지를 몹시 미워했다고 한다. 그런 환경에서 자란 탓에 뉴턴은 친구들과 어울리기보다는 혼자서 수학 문제를 풀거나 공상을 즐겼다. 이런 성격이 그를 위대한 과학자로 만들었는지도 모른다.

뉴턴이 열한 살이 되었을 때 어머니가 돌아왔다. 재혼한 남편이 죽은 것이다. 어머니는 아들에게 농사일을 가르치려고 했지만 농사라고는 아무것도 할 줄 모르는 뉴턴에게 몹시 실망했다고 한다. 그러나 그의 뛰어난 수학적 재능을 알아 본 외삼촌이 어머니를 설득하여 케임브리지 대학 트리니티 칼리지에서 물리학을 공부할 수 있었다.

1665년, 영국 런던에는 흑사병이 돌아 모든 학교가 문을 닫았다. 뉴턴도 런던을 떠나 2년 동안 울즈소프라는 작은 시골에 있는 외할머니 집에서 머물렀다. 이때가 뉴턴의 일생에서 가장 중요한 시기였다. 그가 이룬 일생의 업적 대부분이 이 시기에 착안한 것들이었다. 미적분과 빛의 본질, 중력에 관해 깊은 사색을 한 것도 이때였다.

외갓집에는 넓은 정원이 있었고 사과나무도 있었다. 여기서 사과가 떨어지는 것을 보고 만유인력을 발견했다고 전해진다. 사과는 왜 옆으로 혹은 위로 떨어지지 않고 땅으로 떨어지는 걸까? 그것은 대부분의 사람들이 당연한 것으로 여기며 그리 깊이 생각해 보지 않은 문제였다.

무엇이든 움직이려면 힘이 필요하다. 그렇다면 사과를 끌어당기는 어떤 힘이 존재하는 것은 아닐까? 그것이 바로 모든 물체는 서로가 서로를 끌어당긴다는 '만유인력의 법칙'이었다. 뉴턴이 사과가 떨어지는

그림 1-11 뉴턴과 울즈소프 생가. 1665~1667년에 발생했던 흑사병을 피해 이곳에서 지내면서 뉴턴은 자신의 주요 이론을 정립했다.

것을 보고 우연히 만유인력을 발견한 것은 아니다. 오랫동안 중력에 관해 깊이 사색했던 뉴턴이었기에 사과를 끌어당기는 어떤 힘의 존재를 가정할 수 있었고, 그것이 '만유인력의 법칙'으로 탄생한 것이다. 만유인력 법칙의 정의는 다음과 같다.

'모든 물체는 서로의 무게중심을 잇는 선을 따라 서로를 끌어당긴다. 그 인력은 물체의 질량에 비례하고, 물체 간의 거리의 제곱에 반비례한다.'

뉴턴은 세상 만물의 움직임을 설명할 수 있는 이치를 알고 싶었다. 돌멩이를 공중으로 던지면 포물선을 그리며 날아가다가 마침내 땅으로 떨어지고 만다. 왜 하늘로 날아가 버리지 않는 것일까? 왜 행성들은 태양의 주위를 도는 걸까? 일상생활에서도 이런 의문이 들 수 있다. 버스가 갑자기 출발하면 버스에 탄 사람들은 순간적으로 뒤로 쏠리게 되고, 버스가 갑자기 멈추면 앞으로 쏠린다. 왜 그럴까?

뉴턴은 자신의 저서 ≪자연철학의 원리≫에서 운동의 이치를 3가지 법칙으로 다듬어 정리했다.

- 제1법칙 : 외부의 힘을 받지 않는 한 물체는 움직이지 않는다. 정지해 있는 물체는 언제까지나 정지 상태를 유지하며 움직이는 물체는 영원히 같은 움직임을 계속한다.

그러나 제1법칙은 우리의 경험으로 보면 얼핏 이해하기 어렵다. 공중으로 던진 공은 포물선을 그리며 땅으로 떨어지고, 얼음 위의 팽이도 서서히 도는 속도가 느려지다가 마침내 쓰러지고 말기 때문이다.

제1법칙은 마찰과 중력이 없는 특수한 경우를 가정한 법칙이기 때문에 우리의 경험으로 체험할 수는 없다. 그러나 이러한 가정은 운동을 이해하기 위한 첫 번째 전제가 된다는 점에서 중요하다. 제1법칙은 '갈릴레이의 법칙'이라고도 부른다. 갈릴레이의 '관성의 원리'에서 딴 것이기 때문이다.

- 제2법칙 : 물체를 가속하는 데 필요한 힘은 물체의 질량에 비례한다. 이를 식으로 쓰면 $F=ma$가 된다 (F=힘, m=질량, a=속도). 예를 들면, 가벼운 돌을 던질 때와 무거운 돌을 던질 때 필요한 힘은 돌의 무게에 비례한다. 제2법칙은 가속도에 관한 법칙이다.
- 제3법칙 : 물체에 힘을 가하면 그 힘과 크기가 같고 방향이 반대인 힘이 발생한다. 이것을 '반작용의 법칙'이라고 부른다. 얼음 위에서 스케이트를 신은 상태에서 다른 친구를 밀면 내 몸은 뒤로 밀려난다. 전쟁 영화를 보면 대포를 발사하면 대포를 실은 마차도 한 걸음 뒤로 밀려나는 것과 같은 이치이다.

뉴턴은 운동의 법칙 세 가지와 중력의 법칙으로 사과가 떨어지는 이치와 포탄이 날아가는 이치를 설명했던 것이다. 그러나 뉴턴의 운동 법칙은 물체가 움직이는 속도가 광속(빛의 속도)에 가깝거나 질량이 아주 작은 물체에는 적용되지 않는다는 한계가 있다. 그런 상황은 훗날 아인슈타인의 상대성 이론과 양자역학으로 설명할 수 있게 되었다.

인공위성은 무슨 힘으로 지구를 돌까?

뉴턴은 자신의 저서 ≪자연철학의 수학적 원리≫에서 처음으로 인공위성의 가능성을 이론적으로 제안했다. 높은 산꼭대기에 올라가 지평선으로 아주 빠른 속도로 대포를 발사하면 그 포탄은 땅에 떨어지지 않고 지구 둘레를 돌게 될 것이라고 예측했던 것이다.

그림 1-12 인공위성의 원리(왼쪽)와 최초의 인공위성 스푸트니크호 모형

'물체는 중력에 의해 땅으로 떨어지려고 하지만 운동량으로 인해 곡선을 그리며 떨어지게 될 것이다. 속도가 더 빨라지면 달처럼 안정된 궤도에 올라가거나 지구로부터 완전히 벗어나게 될 것이다.'

뉴턴이 이와 같은 주장을 한 뒤 300년이 지난 1957년 10월 4일, 소련이 최초의 인공위성 스푸트니크 1호를 발사한 이래 현재 지구상에는 15개 국가에서 쏘아 올린 5,000여 개의 인공위성들이 지구 둘레를 돌며 다양한 임무를 수행하고 있다.

인공위성을 지구 궤도에 올리기 위해서는 빠르고 강력한 로켓으로 쏘아 올려야 한다. 로켓의 속도가 초속 7.9m 이하면 로켓이 중력권을 벗어나지 못하고 다시 지구로 떨어지고 만다. 초속 7.9km~11.2km 사이의 속도가 되면 중력권을 벗어나 지구 궤도에 진입할 수 있다. 대략 시속 3만km 이상의 속도여야 한다.

만약 초속 11.2km의 속도를 넘으면 어떻게 될까? 지구 중력권을 벗어나 달이나 화성, 금성 등 다른 행성으로 향하게 된다.

일단 지구 궤도에 진입한 인공위성은 별도의 추진력 없이 지구를 돌 수 있다. 뉴턴의 물리학에 따르면 물체를 움직이기 위해서는 에너지가 필요하지만 지구 궤도에 진입한 인공위성은 별도의 추진력 없이 지구를 돌 수 있다. 왜 그럴까?

지구 궤도에 진입하면 지구가 끌어당기는 구심력과 지구 인력권을 벗어나려는 원심력이 균형을 이루기 때문에 지구로 끌려오지도 않고 지구 밖으로 달아나지도 못한 채로 지구 둘레를 돌게 되는 것이다. 이것이 바로 인공위성이 지구를 돌게 하는 힘의 정체다.

에너지 보존의 법칙

에너지란 무엇인가? 에너지란 힘의 다른 말이다. 즉, 무엇인가를 움직이게 하는 힘, 물리적인 일을 하게 할 수 있는 힘이 에너지다.

에너지의 형태는 아주 다양하다. 빛도 에너지요, 열도 에너지요, 전기도 에너지요, 소리도 에너지다. 바람도 바다의 파도도 에너지를 갖는다. 높은 곳에 있는 물체가 땅으로 떨어지는 이유는 무엇일까? 바로 중력에 의해 생겨나는 위치 에너지를 가지고 있기 때문이다. 이처럼 무엇인가를 움직이게 하는 모든 것은 에너지다.

움직이는 물체가 다른 물체와 부딪치면 왜 충격을 줄까? 바로 움직이는 물체가 가지고 있는 운동 에너지 때문이다.

외부 간섭이 없는 환경에서 에너지는 형태만 달리할 뿐 에너지 자체는 새로 생기거나 사라지지 않는다. 곧 에너지 총량이 일정하다는 것이다. 이것을 '에너지 보존의 법칙' 혹은 '열역학 제1법칙'이라고 부른다.

물체의 에너지가 수시로 다른 형태로 전환된다는 것을 처음 발견한 사람은 갈릴레이였다. 흔들리는 시계의 추를 유심히 관찰해 보라. 시계 추는 좌에서 우로 움직임을 반복한다. 시계 추가 높은 곳에 이르면 잠시 멈췄다가 다시 반대 방향으로 움직이게 된다.

시계 추가 높은 곳에 이르면 위치 에너지가 높아지는 대신 운동 에너지는 '0'이 된다. 반대로 추가 가장 낮은 곳에 이르면 위치 에너지는 '0'이 되는 대신 운동 에너지는 극대화된다. 시계추가 가지고 있는 에너지가 위치 에너지에서 운동 에너지로, 다시 운동 에너지에서 위치 에너지로 변환되는 현상이다.

'에너지 보존의 법칙'은 처음에는 역학 분야에만 적용되는 줄 알았으나 열도 역학적 에너지의 한 형태라는 것이 밝혀지면서 '열역학 제1법칙'이 되었다. 뜨거운 물체를 밀폐된 좁은 공간에 둔다고 하자. 뜨거운 물체는 식지만 대신 밀폐된 공간의 공기가 더워지면서 에너지의 총량은 일정하다는 것이다.

후일 아인슈타인이 질량을 가진 물질도 에너지라는 사실을 밝히면서 '에너지 보존 법칙'은 더욱 확대되어 '질량 에너지 보존의 법칙'이 되었다. 아인슈타인에 따르면 물질 속에는 광속의 제곱에 물질의 질량을 곱한 만큼의 에너지가 들어 있다는 것이다. 아인슈타인의 정식 $E=mc$이 그것이다(E=에너지, m=물질의 질량, c=광속).

이것을 더 넓은 범위로 확대하면 우주가 처음 탄생할 때 일정량의 에너지가 있었고, 이 에너지는 질량과 변환되지만 전체로서는 변하지 않는다고 정리할 수 있다. 우주 내부에서 어떤 물리적, 화학적 변화가 일어나더라도 그 내부 에너지의 총량은 일정하다는 것이다.

빛의 본질

원시인들에게 태양은 그 자체가 숭배의 대상이었다. 어둠을 몰아내고 세상 만물에게 생명을 주는 존재이기 때문이었다. 빛의 정체는 무엇일까? 빛은 입자인가 아니면 파동의 일종인가?

이 문제는 물리학자들을 가장 오랫동안 괴롭힌 숙제였다. 빛이 때로는 입자처럼, 때로는 파동처럼 행동하기 때문이었다. 뉴턴이나 아인슈타인은 빛을 입자라고 생각했으며 호이겐스, 맥스웰 등은 파동이라고 생각했다.

뉴턴은 빛이 그림자를 만들어 내려면 빛이 입자여야 한다고 했으며, 호이겐스는 빛이 반사하고 굴절하려면 파동이어야 한다고 했다. 1905년 아인슈타인은 특수 상대성 이론에서 빛은 에너지의 다발이어야 한다고 했다.

1920년대에는 빛이 입자일 수도 있고 파동일 수도 있다는 주장이 제기되었다. 이 시기에 물리학자 보어는 우리가 빛에서 무엇을 관측하느냐에 따라 입자일 수도 있고 파동일 수도 있다고 주장했다. 지금까지의 결론은 빛은 입자와 파동의 성질을 동시에 가지고 있다는 것이다.

다음으로는 빛의 속도가 문제였다. 빛의 속도는 무한인가 유한인가? 속도가 있다면 얼마나 빠른가? 중세까지만 해도 빛의 속도는 무한이었으며 유한할지 모른다는 생각 자체가 신에 대한 모독이었다. 태양 자체가 신적인 존재였기 때문이다. 빛의 속도가 유한하다고 주장하는 것은 신의 능력이 유한하다고 주장하는 것과 같은 불경죄였다.

빛의 속도가 유한할지 모른다며 최초로 측정을 시도한 사람은 근대 과학의 지평을 연 갈릴레이였다. 그는 2km 정도 떨어진 언덕 위에 제자를 올려 보내 횃불을 들게 하여 빛이 오가는 시간을 측정하려고 했다. 그러나 너무 원시적인 방법이어서 실패하고 말았다.

1676년 덴마크의 천문학자 뢰머는 목성의 위성인 이오가 목성 뒤로 숨었다가 다시 나타나는 시간이 지구와 가장 가까웠을 때와 가장 멀었을 때 22분의 차이가 난다는 것을 확인했다. 뢰머는 그 시간이 지구의 공전 궤도로 빛이 달려오는 시간이라고 생각했다. 그렇게 해서 측정한 빛의 속도는 214,000km였다. 정확도에서는 차이가 나지만 빛의 유한성을 최초로 확인했다는 점에서 의미 있는 실험이었다.

1849년 프랑스의 피조는 좀 더 직접적인 방법으로 빛의 속도를 측정했다. 그는 8.63km 간격으로 떨어진 두 개의 거울 사이에 회전 톱니바퀴를 설치하고 그 사이로 빛이 통과하는 시간을 측정하여 빛의 속도 313,000km라는 값을 얻었다. 지금의 공인 값 299,792km와 거의 비슷한 값이다. 이로써 빛의 속도에 관한 논쟁은 마무리되었다.

카메라, 빛을 고정시키다

고대 그리스인들은 연구하지 않은 분야가 없을 정도로 여러 방면에서 뛰어났다. 사진 이야기를 하기 위해서도 그리스의 철학자 아리스토텔레스를 거쳐야 하니 말이다. 당시의 철학은 모든 학문을 아우르는 종합 학문이었다.

기원전 4세기, 그리스 철학자 아리스토텔레스는 어두운 방에 작은 구멍을 뚫으면 밖의 경치가 반대편 벽면에 거꾸로 비친다는 기록을 남겼다. 이것이 카메라의 원리인 카메라 옵스큐라이다. 옵스큐라는 어두운 방이라는 뜻이다. 실제로 초기

그림 1-13 카메라 옵스큐라를 묘사한 17세기의 그림

의 카메라는 어둠상자를 사용하여 만들었다.

15세기 무렵 화가 레오나르도 다 빈치는 카메라 옵스큐라를 사용하면 원근법적으로 좀 더 정확한 그림을 그릴 수 있다고 적고 있다. 1550년 이탈리아의 물리학자 카르다노는 작은 구멍 대신 볼록렌즈를 부착하면 영상이 훨씬 더 선명하다는

것을 밝혔다. 볼록렌즈가 빛을 모아주는 역할을 하기 때문이었다.

19세기에 들어 여러 사람들이 동시에 카메라 옵스쿠라를 사용하여 사진기를 만드는 일에 뛰어들었다. 보통 프랑스의 니에프스와 다게르, 영국의 탈보트 세 사람을 꼽는다.

거꾸로 맺힌 상을 고정시키는 방법만 있으면 사진이 탄생할 차례였다. 이 빛을 고정시킬 물질이 없을까 하다가 찾아낸 것이 질산은이었다. 질산은은 빛을 보면 검게 변했다. 그런 방법으로 빛을 최초로 고정시킨 사람이 프랑스의 인쇄업자 니에프스였다. 그러나 질산은은 빛을 고정시키는 시간이 너무 길었다. 사진 한 장을 촬영하는 데 무려 8시간이나 걸렸던 것이다.

니에프스와 공동으로 사진을 연구했던 다게르는 요오드 증기를 쏘인 은판에 수은 증기를 다시 쐬면 형상이 나타난다는 것을 발견하게 되었다. 이 방법으로 만든 카메라가 1839년에 최초로 만들어진 '다게레오 타입 카메라'였다.

빛의 속도와 상대성 이론

아 인 슈 타 인

빛의 속도가 대략 초속 30만km라는 것이 밝혀지자 이번에는 빛의 속도는 상대적일까 절대적일까 하는 의문이 제기되었다. 움직이는 모든 물체의 속도는 상대적이다. 달리는 기차는 정지해 있는 사람이 볼 때의 속도와 자동차를 타고 기차와 나란히 달리면서 볼 때의 속도가 다르다는 것이다.

전철을 타보면 옆으로 나란히 달리는 전철은 아주 느리게 느껴지는 반면, 우리가 탄 차와 반대로 달리는 전철은 아주 빠르게 느껴진다. 이처럼 모든 속도는 상대적이다.

여기서 속도의 본질이 무엇인지 짚고 넘어가자. 속도란 나와 움직이는 물체 사이에서 생기는 거리의 변화를 나타내는 값이다. 자동차와 기차가 나란히 시속 100km의 속도로 달린다면 거리의 변화가 없기 때문에 속도는 전혀 느껴지지 않는다는 것이다.

미국의 앨버트 마이컬슨과 몰리는 빛의 속도가 상대적인지 절대적인지를 측정하기 위해 1881년, 1887년 두 차례의 실험을 진행했다. 지구의 자전과 같은 방향으로 측정한 빛의 속도와 지구의 운동과 수직인 방향으로 측정한 빛의 속도를 비교하는 실험이었다.

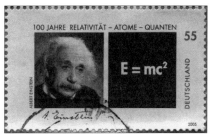

그림 1-14 특수 상대성 이론 100주년을 기념하는 독일의 2005년도 우표와 아인슈타인 탄생 100주년을 기념하는 옛 동독의 5마르크 주화

실험 결과, 두 방향에서 측정한 빛의 속도는 모두 3×10m/초당(대략 초당 30만km)로 아무런 차이가 없었다. 즉, 관측 방법이 달라도 빛의 속도는 초당 30만km로 일정하며 어떤 물체도 빛보다 빠르게 움직일 수는 없다는 것이 밝혀졌다. 이는 200년 동안 절대 진리로 인식되어 왔던 뉴턴의 역학이 완벽하지 않다는 이야기가 된다. 물리학자들은 충격에 빠졌다. 빛의 속도가 변하지 않는 이유를 규명하려고 노력했으나 허사였다.

이때 아인슈타인이 등장한다. 당시 아인슈타인은 스위스의 취리히 공과대학을 졸업하고 대학원에 진학하려고 했으나 교수의 추천서를 받지 못해 베른에 있는 특허국 사무소에 서기로 취직한 상태였다.

물리학자들은 대부분 기존 물리학 이론의 틀 안에서 이 문제를 해결하려 했으나 아마추어에 불과했던 아인슈타인은 거기에 얽매일 필요 없이 자유로운 사고가 가능했다.

아인슈타인은 빛의 속도가 정지해 있는 측정자나 움직이는 측정자 모두에게 같은 값이 나오기 위해서는 빛의 속도가 아니라 물리량이 달라져야 한다고 생각했다. 빛의 속도로 달리는 자동차가 있다고 하자. 이때 자동차의 속도는 달린 거리를 달린 시간으로 나눈 값이다(속도=거리/시간). 빛의 속도가 변하지 않고 일정하다면 거리와 시간은 분자, 분모의 관계로 서로 맞물려 있어야 한다.

즉, 거리가 늘어나면 시간도 늘어나고, 시간이 줄어들면 거리도 줄어들어야 한다. 그래야 일정한 빛의 속도 30만km를 얻을 수 있기 때문이다. 다시 말하면 빛의 속도가 일정하기 위해서는 시간과 공간이 상대적이 되어야 한다는 것이다. 이것이 1905년에 발표된 특수 상대성 이론이다.

아인슈타인은 여기에 머물지 않고 뉴턴 물리학에 대해 근본적인 의문을 제기했다. 뉴턴의 운동 방정식에 따르면 물체에 가해진 힘 F는 물체의 질량(m)과 가속도(a)의 곱으로 나타난다($F = m \times a$). 공식에 따르면 물체의 질량이 같은 경우 속도를 빠르게 하려면 물체에 가해지는 힘 F를 크게 하면 된다. 따라서 질량 m인 물체가 F라는 힘으로 a라는 속도를 냈다면 2F의 힘으로는 2a의 속도를 얻을 수 있을 것이다.

만약 질량 m인 물체에 F라는 힘을 가해 빛의 속도를 냈다고 가정해 보자. 그랬을 때 F보다 더 큰 힘 F+a의 힘을 가한다면 어떻게 될까? 어떤 물체도 빛보다 빠른 속도를 낼 수 없다면 추가된 힘 a는 도대체 어디로 사라진단 말인가? 이것은 보통 심각한 문제가 아니었다.

이런 것을 '사유실험'이라고 부른다. 과학의 이론은 어떤 가정에서 출발하는 경우가 많다. 모든 가정을 실험해 볼 수는 없으므로 상상의 세계에서 특정 상황을 가정해 보는 것이다. 어떤 물체를 빛의 속도로 던질 수는 없지만 만약에 그렇게 한다면 어떻게 될까 하는 상상인 것이다.

여기서 아인슈타인의 천재성이 나타난다. 뉴턴의 방정식에 따르면 물체에 가해진 힘 F는 질량 m과 속도 a의 곱으로 나타난다. 아무리 강한 힘을 가해도 속도 a가 증가하지 않는다면 여기에 가해진 힘은 속도 대신 질량(m) 증가에 사용되어야 한다.

아인슈타인은 움직이는 물체는 질량도 증가한다는 사실을 밝혀냈다. 질량 m이라는 물체를 F라는 힘으로 던져 a라는 속도를 냈다면 2F라는 힘으로는 2a만큼의 속도를 내는 것이 아니라 속도는 2a보다 느린 2a-a로 나타나고 물체의 질량은 m보다 큰 m+a가 된다는 것이다. 물체에 가해진 에너지가 사라지는 것이 아니라 질량으로 변한다는 것이다. 이것으로 질량과 에너지는 같은 것이고 형태가 다를 뿐이라는 사실이 밝혀졌다.

이번에는 반대로 생각해 보자. 어떤 물체에 가해진 에너지가 질량으로 변한다면, 반대로 질량을 파괴하면 다시 그 에너지가 나오지 않을까? 질량을 파괴할 때 발생하는 에너지의 양은 파괴된 질량에 빛의 속도의 제곱을 곱한 값과 같다.

이것이 그 유명한 아인슈타인의 정식 $E=mc^2$이다. 이것이 원자폭탄의 이론적 근거가 되었다. 움직이는 물체가 빛의 속도에 이르면 시간과 공간이 사라지고 질량은 무한대가 된다. 이것이 아인슈타인의 일반 상대성 이론이다.

양자역학의 이해

상대성 이론과 양자역학 모두 20세기 엇비슷한 시기에 등장하여 혼란을 주는 면이 많다. 뉴턴의 역학이 지구와 달, 태양계와 같은 가시적인 세계의 운동 법칙을 다룬 것이라면, 상대성 이론은 우주와 같이 빛의 속도로 움직이는 세계의 운동 법칙을 설명한 것이며, 양자역학은 원자와 같은 무한소인 미립자 세계를 다룬다고 보면 맞을 것이다.

상대성 이론은 아인슈타인이라고 하는 한 사람의 천재에 의해 정립되었으나, 양자역학은 플랑크의 양자가설을 계기로 하여 슈뢰딩거, 하이젠베르크, 닐스 보어, 막스 보른, 폴 디랙 등 여러 사람에 의해 정립되었다는 점도 다르다.

20세기 초가 되자 갈릴레이나 뉴턴의 역학으로는 설명할 수 없는 현상이 발견되기 시작했다. 원자는 원자핵과 그 주위를 도는 전자로 구성되어 있다. 원자핵의 질량은 전자의 100만 배 정도로 무겁다. 이 경우

그림 1-15 아인슈타인과 양자역학의 거두들. 1927년에 양자역학을 주제로 브뤼셀에서 열린 솔베이 회의에 참석한 과학자들(맨 뒷줄 왼쪽에서 6번째 슈뢰딩거, 9번째 하이젠베르크. 두 번째 줄 왼쪽에서 5번째 폴 디랙, 8번째 막스 보른, 9번째 닐스 보어. 맨 앞줄 왼쪽에서 2번째 플랑크, 3번째 마리 퀴리, 5번째 아인슈타인).

뉴턴 역학에 따르면 전자는 나선형을 그리면서 원자핵에 충돌해야 한다. 그러나 실제로는 그렇게 되지 않는다. 이것을 설명하기 위해서는 새로운 이론이 필요했고, 그래서 탄생한 것이 양자역학이었다.

빛이나 전자와 같은 소립자들은 입자와 파동의 성질을 동시에 가지고 있기 때문에 측정하지 않을 때는 파동의 상태로 여러 곳에 동시에 위치하다가 측정을 하면 입자처럼 한곳에 위치한다. 입자라면 동시에 두 곳에 위치할 수 없지만, 파동의 성질을 동시에 가지고 있는 전자는 동시에 두 곳에 위치할 수 있다는 것이다. 이것을 독일의 물리학자 하이젠베르크는 '불확정성의 원리'라고 이름 지었다.

소리는 파동이다. 만약 소리가 입자라면 교사가 하는 말은 한 학생

또는 일부 학생만 들을 수 있을 것이다. 그러나 파동이기 때문에 교실에 있는 학생 모두가 들을 수 있는 것이다. 빛은 입자이면서 동시에 파동이기 때문에 A에 있으면서 동시에 B, C에도 존재할 수 있다.

주사위를 던져 '1'이 나왔다면 바닥에 떨어지기 전에는 어떤 상태였을까? 1에서 6까지의 숫자 모두가 1/6의 확률로 동시에 존재한다는 이야기이다. 10발의 화살을 쏘는 경우가 어떨까? 10발의 화살은 과녁을 중심으로 흩어지면서 확률적인 분포를 나타낼 것이다. 여기서 시간이라는 요소를 없애버리면 화살은 쏘기 전부터 그런 확률적인 분포로 존재했다는 것이다. 이것이 양자역학의 세계이다.

불확정성은 우리가 일상에서 경험할 수 없는 이론이기 때문에 이해하기가 난해하다. 누구보다 깊게 양자역학을 이해했던 정력적이고 명석한 미국 물리학자 리처드 파인먼은 이렇게 말했다.

"내게 물리학 수업을 듣는 학생들도 양자를 이해하지 못합니다. 나부터 이해하지 못하니까요."

모든 물질의 물리적인 운동을 법칙으로 규정하려 했던 고전 역학은 양자역학을 만나 확률의 과학으로 바뀌었다. 고전 역학으로는 미시 세계를 설명할 수 없게 된 것이다.

하나의 전자가 A 혹은 B라는 위치에 있을 확률이 각각 1/2이라고 할 때, 이것을 관측하여 A에 있다는 것을 확인했다면 관측되기 직전에는 어디에 있었을까? 우리는 관측하기 전에도 A에 있었으며 관측을 통해 그 위치를 확인했을 뿐이라고 생각할 것이다. 그러나 불확정성 원리를 주장하는 사람들에 따르면 관측하기 이전에는 A, B 두 곳에 각각 1/2의 확률로 동시에 존재했다고 말한다. 관측하는 순간 A에 있을 확률이

'1'로 변한 반면 B에 있을 확률이 '0'으로 변했다는 것이다. 관측하기 이전에는 0도 아니고 1도 아닌, 그 둘의 평균인 0.5도 아닌 0도 되고 동시에 1도 되는 상태로 존재하고 있다는 이야기다.

양자역학이라는 용어를 처음 쓰기 시작한 사람은 막스 보른이었다. 양자역학은 자연에 숨겨진 불확실성, 즉 확률에 의해서만 설명할 수 있는 사건들에 학문적 근거를 둔 것이었다.

뉴턴 이후 우리는 국소성의 원칙에 충실하게 세상을 보고 있다. 국소성이란 모든 물체는 시간과 공간이 어느 점에 국한되어 있어야 한다는 이론이다. A와 B에 동시에 있을 수 있다는 양자역학의 이론은 그래서 더욱 난해하다. 때문에 상대성 이론을 정립했던 아인슈타인은 양자역학에 대해 크게 반발했다. 자연현상이 확률에 의해 지배되고 있다는 것을 인정하기가 싫었던 것이다. 아인슈타인은 이렇게 말했다.

"신이 인간을 대상으로 주사위 놀음을 할 리가 없다."

그러자 아인슈타인을 가장 존경했던 양자론자 보어가 말했다.

"박사님, 신에게 무엇을 하라, 하지 말라고 명령하지 마십시오!"

아인슈타인은 자신의 상대성 이론과 양자역학을 한데 묶어서 이 둘의 모순을 모두 껴안을 수 있는 통일장 이론을 찾기 위해 외로운 행보를 이어갔다. 상대성 이론에 나오는 중력장 방정식을 이용하여 전자기장도 설명할 수 있을 것으로 기대했던 것이다. 그러나 그 이론이 세상에 나오기 전에 아인슈타인이 먼저 세상을 떠났다. 아니, 세상을 떠나지 않았어도 통일장 이론은 나올 수 없는 것이었는지도 모를 일이다.

카오스 이론

사람들은 오래 전부터 자연에는 스스로 고유한 법칙이 있다고 생각해 왔다. 그리고 그 법칙들을 밝혀내는 것이 그리스 이후 과학자들의 궁극적인 목표라고 생각했다.

그러한 생각은 17세기에 이르러 마침내 결실을 맺게 되었다. 고전 물리학을 완성한 아이작 뉴턴은 사물의 움직임을 정확하게 예측할 수 있는 운동 법칙을 수학 공식으로 표현했다. 원인과 결과가 정확하게 맞아떨어지는 인과의 법칙이었다.

이것으로 사람들은 세상을 거대하고도 정밀한 기계라고 생각하기 시작했다. 시계에 비유하기도 했다. 세상을 많은 부품들이 정교하게 맞물려서 시간이라는 결과물을 만들어 내는 시계에 비유한 것이다. 이러한 생각을 '기계론적 사고'라고 한다. 뉴턴의 열렬한 추종자였던 라플라스는 우주 만물들의 초기 조건만 알면 미래를 예측할 수 있다고 주장했다.

그러나 뉴턴의 공식으로는 바람이 불고 깃발이 나부끼고 나뭇잎이 포물선을 그리면서 떨어지는 현상을 설명하지 못한다. 아무리 성능이 좋은 슈퍼컴퓨터도 당장 내일의 날씨를 정확하게 예측할 수는 없는 것이다.

처음 컴퓨터가 등장했을 때 기상학자들은 흥분했다. 날씨를 예측하기 위해서는 아주 복잡한 계산을 해야 하는데 컴퓨터가 없던 시절에는 그런 계산이 불가능했기 때문이다. 컴퓨터가 등장하자 기상학자들은 이를 이용하여 모의실험에 착수했다. 날씨를 결정하는 요소로 온도, 기압, 습도, 바람의 속도와 방향 등의 값을 입력하여 미래의 날씨를 예측하는 방식이었다.

1963년, 미국 MIT 대학의 기상학자 에드워드 로렌츠 역시 컴퓨터 모의실험을 통해 기상 모델을 만들고 있었다. 어린 시절부터 집에다 온도계를 걸어놓고 매일매일의 최고기온과 최저기온을 기록할 정도로 기상에 관심이 많았던 그는 다양한 조건을 가지고 미래의 날씨를 예측할 수 있는 방정식을 만들었다.

모의실험에서 그는 다른 요소들은 그대로 두고 바람의 방향과 속도를 조금씩 변경하면서 어떤 형태가 나타나는지 관찰했다. 그러자 놀라운 결과가 나타났다. 초기 값을 소수점 아래 6자리까지 모두 입력했을 경우와 소수점 아래 3번째 자리에서 반올림했을 경우의 그래프가 전혀 다르게 나온 것이다. 예를 들면, 한 번은 맑은 날씨가 예측되었고 다른 한 번은 폭풍이 예측되는 식이었다.

로렌츠는 이렇게 날씨와 같이 여러 변수들이 복잡하게 얽히어 일어나는 현상들은 초기 조건에 아주 작은 차이가 있더라도 결과적으로는

그림 1-16 비행기 소용돌이와 카오스. 미연방항공국과 나사가 공동으로 실시한 비행기 소용돌이 관찰 실험. 지면에 색깔 있는 연기를 피워 올려 농업용 비행기가 만들어내는 난기류를 관찰할 수 있게 했다. 이 난기류는 후방에 인접해 있는 다른 비행기에 영향을 주어 사고를 일으킬 수 있다. 이런 난기류 현상은 카오스 이론에서도 중요한 위치를 차지한다.

큰 차이가 난다는 것을 밝혀냈다. 또 아무리 성능이 뛰어난 컴퓨터라도 장기적인 기상 예측은 불가능하다는 결론을 내렸다. 그는 초기 조건의 작은 차이, 예를 들면 아마존 밀림에서 나비 한 마리가 날갯짓을 한 것만으로도 텍사스에서는 태풍을 일으킬 수도 있다고 설명했다. 이것이 바로 세상에 널리 알려진 '나비효과'이다.

로렌츠는 이런 현상을 수학적으로 접근하여 〈결정론적 비주기 흐름〉이라는 제목의 논문으로 발표했다. 그는 여기서 아무리 단순한 기상 모델이라도 초기 조건의 차이로 말미암아 무한히 복잡한 패턴이 만들어질 수 있다는 사실을 밝혔다.

카오스 이론은 chaos라는 글자의 의미대로 '혼돈'이론이다. 바람 빠진 풍선이 어디로 날아갈지, 담배 연기가 어떤 모습으로 피어오를지 아무도 정확히 알 수 없다는 것이다. 그러나 카오스 이론에서 다루는 혼돈은 주사위를 던지는 것처럼 제멋대로의 혼돈이 아니라 예측하기는 어렵지만 나름대로 어떤 패턴을 그리면서 움직인다는 것이다. 예를 들면, 주사위 여섯 개의 면에 맑음, 흐림, 비, 눈, 우박, 태풍을 적어 놓고 던진다면 하루는 맑음, 다음 날은 태풍이 나타날 수 있지만 실제의 날씨는 어떤 연속적인 패턴을 그리면서 나타난다는 것이다.

패턴에 대해 좀 더 생각해 보자. 구름의 모습은 매일 다르다. 지구가 탄생한 이래 단 하루라도 구름이 같은 모습인 경우는 없었을 것이다. 그러나 우리는 구름을 보면서 전혀 낯설어 하지 않는다. 구름이 갖는 일정한 패턴 때문이다.

주식 가격이 오르내리는 것이나 물가가 오르내리는 것을 그래프로 그려 보면 유사한 패턴이 반복되는 것을 볼 수 있다. 무질서하게 보이는 혼돈 상태에도 어떤 패턴이나 법칙이 존재한다. 카오스 이론은 이처럼 겉으로 보기에는 불안정하고 불규칙적이지만 나름대로 질서와 패턴을 가지고 있는 현상들을 설명하고 예측하려는 이론이다.

일부 과학자들은 카오스 이론이 20세기에 물리학에서 세 번째로 일어난 혁명이라고 주장한다. 상대성 이론과 양자역학에 이은 카오스 이론이다. 그러나 카오스 이론이 처음부터 과학계에서 환영을 받은 것은 아니다. 과학 이론이 되려면 어떤 원인이 필연적인 어떤 결과를 가져와야 하는데 카오스 이론은 그렇지 않다는 이유에서였다. 그러한 반발은 아직도 계속되고 있다.

그러나 자연 현상은 뉴턴의 법칙으로 설명할 수 있는 것보다 설명할 수 없는 것이 훨씬 더 많다. 무질서하게 보이는 현상들 속에는 어떤 패턴과 주기가 있기 때문이다. 더구나 사회 현상들은 뉴턴의 과학으로 전혀 설명이 되지 않지만, 카오스 이론으로는 어느 정도 패턴을 읽어낼 수 있다. 때문에 카오스 이론은 현재까지도 전기, 전자, 의학, 경제, 사회적인 분야의 연구로 빠르게 확산되고 있다.

X선의 발견

뢴 트 겐

X선(엑스레이)은 1895년 독일 물리학자 뢴트겐(1845~1923)에 의해 발견되었다. 처음에는 정체를 알 수 없다는 의미에서 X선이라고 불렀다가 정체를 알고 나서는 발견자의 이름을 따서 '뢴트겐선'으로 부르기로 했으나, 부르기가 쉽다는 이유에서 그냥 X선 혹은 엑스레이라고 불리고 있다.

X선은 음극선을 이용하여 형광 실험을 하던 중 우연히 발견되었다. 당시 유명 물리학자들은 대부분 음극선 실험에 몰두하고 있었다. 진공 유리관 양 끝에 전극을 연결하면 음극에서 무언가가 나와 양극으로 흘러간다는 것을 발견한 것이다. 이를 음극에서 흘러나온다고 하여 '음극선'이라고 이름 지었다.

무명의 물리학자 뢴트겐도 이 실험에 뛰어들었다. 암실에서 진공관을 검은 종이로 싸서 빛이 새어 나올 수 없도록 했다. 그리고 음극선에

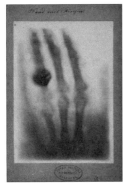

그림 1-17 뢴트겐 부인의 손가락 X선 사진(왼쪽)과 당시 연구자들의 X선 실험 모습. 방사선을 발견한 초기에는 그 위험성을 알지 못해 아무런 안전장치 없이 실험을 했다.

전류를 흘리자 몇 미터 떨어져 있는 책상 위에 있는 사진 건판에 밝은 빛이 비쳤다.

이상하다고 생각한 뢴트겐은 음극선과 사진 건판 사이에 마분지, 나무판자, 헝겊, 금속판 등을 차례로 넣어 가면서 실험을 반복해 보았다. 놀랍게도 그 미지의 선은 두꺼운 책을 뚫고 나가는가 하면 섬유와 나무도 통과했다. 그러나 1.5mm 두께의 납은 통과하지 못했다.

그는 아내에게 음극선과 건판 사이에 손을 넣어 보라고 설득했다. 그러자 건판에는 손가락뼈의 형태가 고스란히 나타났다. 그는 이 정체불명의 빛을 'X선'이라고 이름 붙였다. 이것이 바로 X-ray였다. 이 공로로 그는 1901년 제1회 노벨 물리학상을 수상했다.

음극선 연구를 계기로 프랑스 물리학자 베크렐(1852~1908)은 우라늄에서 방사선을 찾아냈으며, 영국의 물리학자 톰슨은 전자의 존재를 밝혀냈다. X선 역시 방사선의 일종이라는 사실도 밝혀졌다.

그림 1-18 빌헬름 뢴트겐과 노벨상장

X선이 밝혀짐으로써 빛이 파동이면서 동시에 입자라는 학설이 힘을 받게 되었으며, 아인슈타인의 상대성 이론의 출현에도 중요한 계기가 되었다.

또한 X선 덕분에 의사들은 수술을 하지 않고도 사람의 몸 안을 들여다 볼 수 있게 되어 의학 발전에 획기적인 전기를 마련했다. X선을 이용하여 사람의 몸에 박힌 유리 조각을 찾아내는가 하면 머리에 박힌 총탄을 찾아내기도 했다. X선이 이처럼 실용적인 분야에서 이용 가치가 높다는 것이 알려지자 이 특허를 사려는 사람들이 나타났다.

그러나 뢴트겐은 자신이 X선을 발명한 게 아니라 원래 있던 것을 찾아낸 것에 불과하다며 특허출원을 포기하고 세상에 기술을 공개해 버렸다. 이것으로 의료기술은 획기적인 발전을 이룩할 수 있었다. 뢴트겐이 인류에준 커다란 선물인 셈이다.

방사선의 발견

베 크 렐

뢴트겐의 X선 발견 소식이 전해지자 프랑스 물리학자 베크렐은 자신도 직접 실험을 해보기로 마음먹었다. 그 역시 형광 물질을 연구하는 학자였다. 형광 물질이란 태양의 자극을 받으면 빛을 내는 물질을 말한다.

그는 형광 물질의 하나인 우라늄 염을 이용하여 실험에 착수했다. 사진 건판을 검은 천으로 감싸서 알루미늄 상자에 넣어 태양빛이 스며들지 못하도록 밀폐시킨 후 알루미늄 상자 위에 우라늄 염 조각을 밴드로 고정시켜 태양빛으로 자극을 줄 생각이었다. 그러면 우라늄 염에서 방출되는 X선으로 사진 건판이 검게 변하지 않을까 생각한 것이다. 그러나 다행인지 불행인지 연일 구름 낀 날이 계속되어 태양광의 자극을 줄수가 없었다.

기다리다 지친 그는 태양광에 노출되지 않은 우라늄 염은 검게 변하지 않을 것이라는 자신의 믿음을 확인하기 위해 상자를 열었다. 그러자

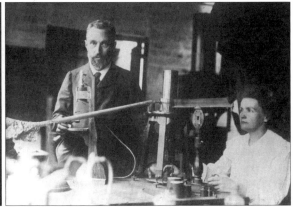

그림 1-19 앙리 베크렐(왼쪽)과 퀴리 부부. 이 세 사람은 모두 1903년에 노벨물리학상을 받았다.

놀랍게도 사진 건판은 검게 변해 있었다. 다양한 물질로 실험을 거듭한 결과, 우라늄 성분을 가진 물질은 태양의 자극이 없이도 X선과 흡사한 선이 나와서 감광 작용을 일으킨다는 사실을 밝혀냈다.

　그는 이 미지의 선을 자신의 이름을 따서 '베크렐선'이라고 이름 붙였다. 그러다가 나중에 이 연구에 뛰어든 퀴리 부인이 '방사선'이라는 이름을 붙여 오늘날에 이르게 되었다. 어쨌든 이것으로 베크렐은 방사선의 존재를 처음으로 확인한 과학자가 되었다.

　여기서 X선과 방사선의 차이가 무엇인지 확실히 짚고 넘어가자. X선은 에너지가 높은 곳에서 낮은 곳으로 흐를 때 그 에너지 차이만큼 전자가 방출되는 것이며, 방사선은 우라늄 등의 핵물질이 스스로 붕괴하면서 방출되는 선이다.

　폴란드 태생의 물리학자로 프랑스 물리학자와 결혼한 퀴리 부인은 학위 취득을 위해 베크렐선을 연구 과제로 선택했다. 남편 피에르는 자신의 전공 분야였던 물성 연구를 중단하고 부인의 연구를 도왔다.

이들은 여러 가지 물질에서 방출되는 방사능의 양을 정량으로 측정해 나갔다. 이 연구를 통해 발견한 방사선 원소가 폴로늄과 라듐이었다. 처음 발견한 원소는 자신의 조국인 폴란드 이름을 따서 '폴로늄'이라고 이름 지은 것이다.

정리하자면 1895년에 뢴트겐이 X선을 발견했고, 이듬해인 1896년에 베크렐이 방사선을 발견했으며, 2년 후인 1898년에 퀴리 부부가 방사선 물질들을 구체적으로 확인한 것이다. 학계에서는 이 세 사람을 방사선 3총사라고 부른다. 세 사람 모두 나란히 노벨 물리학상을 받았다. 퀴리 부인은 연구를 하는 동안 방사선을 너무 많이 쬐어서 결국 백혈병으로 삶을 마감하였다.

핵분열과 핵융합

방사성 원소란 우라늄처럼 외부의 자극 없이 스스로 붕괴하면서 방사선을 방출하는 원소들을 가리키는 말이다. 베크렐에 의해 방사성 원소의 존재가 알려지자 많은 과학자들이 이 연구에 뛰어들었다. 방사성 원소들이 자연 상태에서 스스로 붕괴한다면 인위적으로도 이것을 붕괴시킬 수 있지 않을까 하는 생각에서였다.

이때는 이미 아인슈타인 박사의 일반 상대성 이론이 나온 다음이어서 방사성 원소를 인위적으로 파괴할 수 있다면 상대성 이론에 의해 $E=mc^2$만큼의 엄청난 에너지가 분출된다는 것을 알고 있었다. 즉, 물질이 파괴되면서 분출되는 에너지 E는 물질의 질량(m)에 빛의 속도인 C(300,000km/초)의 제곱을 곱한 값만큼의 에너지가 나온다. 이것이 상대성 이론이다.

1932년에 원자를 파괴시키는 실험이 성공했다. 케임브리지 대학의 코크크로포트와 월턴 두 사람이 미미한 양이지만 원자를 파괴시킨 것이다. 6년 후 독일의 과학자 헌과 슈트라스만이 수백만 개의 원자를 연속적으로 파괴시킬 수 있다는 사실을 밝혀냈다. 이른바 '핵분열'이었다. 이것으로 인류는 엄청난 힘의 새로운 에너지원을 얻게 되었으며 석유나 석탄이 없어도 인류의 에너지 문제는 걱정할 필요가 없는 듯 했다.

그러나 1939년 9월 1일, 나치 독일군이 폴란드를 침공하면서 시작된 2차 대전으로 새로운 에너지 연구는 엉뚱한 방향으로 흘러갔다. 바로 원자폭탄으로 불리는 핵무기 개발로 이어진 것이다.

영국은 독일이 무서운 핵무기를 먼저 만들까봐 두려워 이 연구를 서둘렀다. 성공만 한다면 TNT 수천 톤의 위력을 가진 무기를 비행기에 실어서 적진을 초토화시킬 수 있었기 때문이었다.

당시 원자 에너지 연구에서 선두를 달리고 있던 사람은 덴마크 코펜하겐 대학의 유대인 출신 물리학 교수 보어(1885~1962)였다. 나치 독일이 덴마크의 유대인들을 모조리 잡아들인다는 정보를 입수한 영국은 보어 교수를 비밀리에 빼돌려 영국으로 데려왔다. 그러자 원자탄 연구는 활기를 띠었다.

본격적인 연구가 활기를 띨 무렵 독일과 영국은 서로 핵무기 연구가 진행될 법한 장소에 무차별 포격을 가하기 시작했다. 그러나 실제 독일에서는 원자탄 연구가 부진을 면치 못했다. 가장 중요한 이유는 독일 원자력의 아버지 격으로 연쇄 핵분열 이론을 제시한 헌 박사가 원자력의 산업적인 연구 외에는 응하지 않았기 때문이었다.

2차 대전이 끝난 후 헌 박사는 이렇게 회고했다. '핵무기가 히틀러의 손에 들어갔다면 인류는 파멸에 치달았을지도 모른다.'

그러는 사이 독일은 항복했지만 일본은 여전히 미국과 치열한 전쟁을 벌이고 있었다. 미국은 오펜하이머 박사의 지휘 아래 마침내 핵무기 개발에 성공했다. 영국의 처칠과 미국의 트루먼은 일본에 핵무기를 사용하기로 합의하고 일본에 최후통첩을 했다. 그러나 일본은 단호히 항복을 거부했다. 1945년 8월 6일, 일본 히로시마에 인류 최초의 핵무기가 투하되었고 일본은 무조건 항복했다. 이것으로 2차 대전이 종결되었다.

핵에너지를 얻는 방법은 두 가지다. 핵분열과 핵융합이다. 방사성 원소인 우라늄을 빠르게 파괴시키면 핵무기가 되고, 서서히 파괴시키면 산업용으로 이용할 수 있는 평화적인 에너지를 얻을 수 있다. 그것이 원자력 발전인 것이다.

우라늄은 지구상에 존재하는 92가지의 원소 가운데 가장 무거운 원소이다. 원자핵 속에 양성자와 중성자가 그만큼 많이 들어 있다는 이야기다.

자연 상태의 우라늄에는 우라늄 234, 우라늄 235, 우라늄 238 등 3가지가 섞여 있는데, 핵분열의 원료로 쓰이는 우라늄 235는 그중 0.7%밖에 되지 않는다. 이것의 비중을 4%가 되도록 농축하면 원자력 발전에 사용할 수 있고 90% 이상까지 높이면 원자폭탄의 재료가 될 수 있다. 우라늄 235에 중성자를 충돌시키면 원자핵이 둘로 갈라지면서 새로운 중성자 2~3개를 방출하고 이것이 연쇄적으로 핵분열을 일으키는 것이다.

한편 우라늄 238은 직접 핵분열을 일으키지는 않지만 원자로에서 중성자를 충돌시키면 플루토늄 239라는 새로운 원소로 바뀐다. 이것이 원자력 발전의 원료나 원자폭탄의 재료로 활용될 수 있다.

핵에너지를 얻는 다음 방법은 핵융합이다. 원자핵을 파괴시킬 때에도 강력한 에너지를 분출하지만 핵분열과는 반대로 핵이 융합될 때는 더욱 가공할 에너지를 분출한다.

핵융합은 수소 원자 4개가 헬륨으로 변환되면서 미세한 질량이 파괴되고 이것이 에너지로 변환된다. 보통 수소의 질량은 1, 헬륨의 질량은 4로 알려져 있으나 엄밀하게 헬륨의 원자가는 3.997이다. 수소 원자 4개가 헬륨으로 변환되면서 0.003의 질량이 에너지로 바뀌는 것이다.

태양이 끊임없이 에너지를 분출하는 원리가 바로 핵융합이다. 태양은 매초 6억 톤의 수소 원자를 헬륨으로 바꾸면서 TNT 100만 톤에 해당하는 1메가톤급 원자탄을 1초에 1,000만 개씩 터트리는 것과 맞먹는 에너지를 분출한다. 핵융합은 이론적으로는 간단하지만 융합 반응을 얻기 위해서는 1억 도가 넘는 고온과 정교한 장치가 필요하다. 실용화되기 위해서는 더 많은 과제가 남아 있다.

그림 1-20 히로시마(위)와 나가사키에 투하된 원자폭탄의 버섯구름

태양의 정체

앞서 말했듯 태양은 거대한 에너지를 끊임없이 내뿜고 있다. 태양의 에너지는 어디서 나오는 것일까? 그리고 언제까지 그런 에너지를 내뿜을 수 있을 것인가?

태양 중심부의 온도는 1,500만 도나 된다. 그런 온도에서 수소 원자들이 헬륨으로 변하면서 핵융합이 일어난다. 수소 원자의 질량은 1, 헬륨의 질량은 대략 4 정도이다.

수소 원자 4개가 헬륨으로 변할 때는 0.003% 정도의 질량이 헬륨이 되지 못하고 에너지로 변하는 것이다. 이것을 무게로 보면 태양은 초당 5억 9천7백만 톤의 수소를 5억 9천3백만 톤의 헬륨으로 바꾸면서 헬륨이 되지 못한 4백만 톤의 질량을 열과 빛으로 바꾸는 것이다.

4백만 톤의 질량이 에너지로 바뀐다면 그 힘은 어느 정도나 될까? 아인슈타인의 상대성 이론으로 계산해 보면 그때 분출되는 에너지 E=400만 톤×300,000가 된다. 그 에너지를 태양계에 속한 모든 행성에 보내는 것이다.

태양의 나이는 45억 년 정도로 보고 있다. 45억 년 동안 소비한 수소의 양은 27% 정도여서 최소한 50억 년 이상 사용할 수소를 가지고 있다.

수소를 모두 소비하고 나면 태양에는 헬륨의 핵융합 반응으로 만들어진 산소와 탄소의 핵이 남는다. 남은 산소와 헬륨이 다시 핵융합을 일으키기 위해서는 7억 도의 온도가 필요하다. 그러나 더 이상 핵융합이 일어나지 않으면 태양은 수축을 시작하여 작은 백색왜성이 되면서 수명을 다하게 된다.

그림 1-21 태양은 핵융합으로 엄청난 양의 에너지를 우주로 분출하고 있다.

도플러 효과

전투기가 음속을 돌파할 때는 공기가 찢어지는 듯한 굉음을 낸다. 왜 하필 음속 돌파 시에 그런 강한 충격파를 낼까? 이것이 음파에 숨어 있는 비밀이다.

소리는 공기를 매질로 하여 1초에 340m씩 사방으로 퍼져 나간다. 잔잔한 호수에 돌을 던지면 돌이 떨어진 곳을 중심으로 사방으로 동심원이 퍼지는 것과 같이 소리도 우리 눈에 보이지는 않지만 음원으로부터 사방으로 동심원을 그리면서 퍼져 나간다.

만약 어떤 물체가 소리를 내면서 움직이면 어떤 파동으로 나타날까? 물체가 진행하는 방향으로는 파동 간격이 촘촘하게 나타나는 반면 소리가 지나간 자리에는 파동 간격이 듬성듬성하게 나타난다. 소리는 파동이 강할수록, 파동의 간격이 촘촘할수록 높게 들린다.

기적을 울리는 기차를 생각해 보자. 정지해 있는 기차가 기적을 울리

그림 1-22 호수 위를 헤엄치는 백조 주위에서도 도플러 효과를 볼 수 있다.

면 그 소리는 사방으로 온전한 동심원을 그리며 균일하게 퍼져 나간다. 이때는 방향과는 상관없이 기차와의 거리가 소리의 높낮이를 결정한다.

그러나 기차가 달리면서 기적을 울릴 때는 소리의 파동이 기차가 나아가는 방향으로 겹치면서 파동이 짧아지고 기차가 지나간 자리에서는 파동이 듬성듬성해지면서 파동이 길어진다. 파동이 짧다는 것은 소리가 크게 들린다는 이야기다. 그리하여 기적 소리는 기차가 가까이 다가올수록 점점 더 커지다가 내가 서 있는 곳을 지날 때 가장 강하게 들린다. 그러다가 기차가 지나가고 나면 기적 소리는 빠르게 사라지고 털거덕털거덕 하는 소리만 메아리로 남는다.

경찰차나 구급차가 나를 향해 달려오면서 울리는 사이렌 소리는 아주 높게 들리지만, 일단 지나가고 나면 소리는 빠르게 사라진다. 바로 파동의 도플러 효과 때문인데, 이 현상을 처음 발견하고 이론적으로 증명한 도플러의 이름을 따서 붙여진 이름이다.

오스트라아 과학자 요한 크리스찬 도플러(1803~1853)는 1842년에 발표한 이론에서 진동을 갖는 음원이 이동할 때에는 이동하는 속도만큼 주파수가 변하며 실제 관측자의 귀에는 변화된 주파수로 들린다고 주장했다.

기차가 다가오고 지나가면서 내는 소리는 우리 귀에만 높아졌다 낮아졌다 하는 것이 아니라 음파 자체가 변한다는 것이다. 당시는 음파를 측정할 만한 장비가 없던 시절이라 도플러는 지붕이 없는 열차에 트럼

펫 연주자들을 싣고 기차가 관측 지점을 지나가는 동안 계속해서 같은 음악을 연주하게 하여 소리의 높낮이를 비교하는 방법으로 음파를 측정했다.

결과는 음파 자체가 변한다는 것이었다. 예를 들어, 연주자들이 '솔' 음을 불었다면 기차가 다가올 때는 '라'음에서 '시'음까지 올라갔다가 지나가고 나면 '파'음에서 '미'음으로 낮아지더라는 것이다.

이제 전투기의 음속 돌파를 보자. 전투기가 소리의 속도인 340m/s에 이르면 전투기의 음파는 전투기 바로 앞쪽에 촘촘하게 밀집되는 형상으로 나타난다. 그리하여 찢어질 듯한 소리로 들리는 것이다.

그럼 음속보다 빠른 비행기의 소리는 어떻게 들릴까? 이때는 비행기 뒤편으로 음파가 밀집되기 때문에 비행기가 지나고 나서 몇 초 후에 굉음으로 들리게 된다.

도플러 효과를 이용한 것이 스피드건이다. 투수가 던지는 야구공에 초음파를 쏘아서 반사되는 파동의 진동수를 측정하면 야구공의 속도를

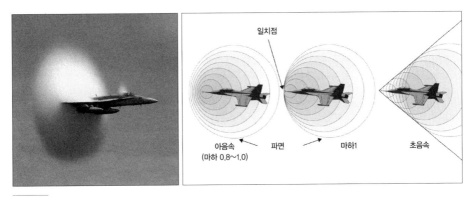

그림 1-23 부산 앞바다 상공에서 미 해군 소속의 F/A-18 호넷 전투기가 음속을 돌파하는 모습(왼쪽). 마하 충격파로 전투기 후미에 흰 물방울 구름이 형성되었다. 음속 돌파 이해도(오른쪽)

알 수 있다는 것이다. 자동차나 항공기의 속도를 측정하는 것도 같은 원리를 이용한 것이다.

도플러 효과는 소리에만 국한되지 않고 파동의 성격을 갖는 모든 것에 적용될 수 있다. 빛은 파동과 입자의 성격을 동시에 가지고 있어 빛의 파동을 가지고도 그 빛이 멀어지고 있는 빛인지 다가오고 있는 빛인지를 가릴 수 있다. 별의 경우, 지구를 향해 다가오고 있는 별빛의 파장은 아코디언처럼 압축되어 파장이 짧아지면서 푸른색으로 보이고, 지구에서 멀어져 가는 별에서 내는 빛은 파장이 길게 늘어지면서 지구에 도달하기 때문에 붉은색을 띤다.

1912년 미국의 천문학자 베스토 멜빈 슬라이퍼(1875~1969)는 은하계를 관찰하면서 은하에서 도착한 빛이 적색편이를 띠는 것을 확인하고 우주의 물질들이 서로 멀어지고 있다는 주장을 내놓았다. 우주는 뉴턴이 생각했던 것처럼 고정된 우주가 결코 아니라는 것이었다.

그의 주장에 관심을 가졌던 허블은 도플러 현상을 이용하여 천문학에서 은하 또는 성운의 후퇴 속도와 거리와의 관계를 밝혀 우주 팽창을 증명했다. 은하의 별들은 풍선 위에 찍힌 점들처럼 풍선에 바람을 넣으면 점들 사이의 거리가 점점 더 멀어지듯이 그렇게 팽창하고 있다는 것이다.

우주의 탄생

　1920년 천문학자들 사이에 특이한 밝기로 빛나는 별 하나를 두고 논쟁이 벌어졌다. 그 별이 우리 은하계의 별이냐 아니면 은하계 외부의 별이냐 하는 논쟁이었다. 그러나 아무런 결론을 내지 못했다.

　그러다가 1924년 미국의 천문학자 허블(1889~1953)이 나타나 이 문제를 해결했다. 허블은 지름 100인치 망원경(2.5m)으로 그 별을 관측한 결과, 그것이 우리 은하계보다 훨씬 먼 거리에 있다는 것을 밝힘으로써 외부 은하계에 속하는 별임을 확인하였다.

　우주론의 출발 역시 그리스였다. 고대 그리스 사람들은 하늘을 관찰하면서 조심스럽게 합리적인 우주론을 세우려고 시도했지만 지구가 우주의 중심이라는 대전제에서 출발했기 때문에 큰 성과는 거두지 못했다.

　그러나 지동설을 처음 제기한 사람 역시 그리스의 과학자 아리스타쿠스였다. 그는 태양이 우주 중심이라는 것을 밝혔지만 아무도 인정해 주지 않았다. 그 후 프톨레마이오스가 다시 지구가 중심이라고 뒤집어 버렸다. 나중에 케플러와 코페르니쿠스가 태양이 우주의 중심이라는 것을 재정립할 때까지 천 년이 걸렸다.

현대 우주론의 시발점은 아인슈타인의 일반 상대성 이론이었다. 자신의 일반 상대성 이론에 따르면 우주는 팽창하거나 수축하는 것이어야 했다. 그러나 아인슈타인은 팽창이나 수축을 막아주는 어떤 힘이 있다는 가정 하에 우주를 움직이지 않는 고정적인 것이라고 생각했다.

한편 러시아의 수학자 프리드만은 아인슈타인의 상대성 이론을 동원하며 우주는 극도의 고밀도 상태에서 팽창하면서 밀도가 낮아졌다며 우주 팽창론을 들고 나왔다. 그리고는 자신의 생각을 담은 편지를 아인슈타인에게 보냈다.

1929년이 되자 팽창 이론의 증거가 발견되었다. 외부 은하계를 발견했던 젊은 천문학자 에드윈 허블이 윌슨산 천문대에 있는 100인치 망원경으로 은하계를 정밀하게 관측한 결과, 별들의 빛이 붉은색으로 이동하는 현상을 들어 우주 팽창론을 지지하고 나선 것이다.

빛을 내면서 움직이는 물체의 경우 우리에게 다가오는 빛은 푸르게 보이고 우리에게서 멀어져 가는 빛은 붉은색으로 보인다. 이 붉게 보이는 현상을 '적색편이'라고 부른다. 별들이 붉은빛을 띤다는 것은 우리에게서 멀어져 가고 있다는 증거라는 것이다.

허블의 우주 팽창론이 발표되자 아인슈타인은 1931년 2월 3일 윌슨산 천문대에서 기자들에게 자신의 이론이 틀렸음을 인정하고 자신이 도입했던 우주상수를 폐기했다. 그리고는 프리드만에게 편지를 보냈다.

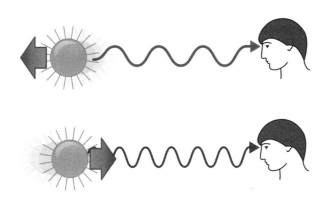

그림 1-24 적색편이(위). 멀어지는 발광체는 붉은색(긴 파장)으로 보이고 가까워지는 발광체는 푸른색으로 보인다.

2년만의 회신이었다. 거기에 이렇게 적었다. '생각해 보니 당신 말이 맞는 것 같다.'

그 후 우주 팽창을 전제로 하는 여러 종류의 우주론이 제기되었다. 그중에서 오늘날 가장 많은 지지를 받고 있는 이론이 러시아 출신의 미국 물리학자 가모프가 1948년에 제창한 빅뱅(big bang)이론이었다. 가모프는 우주 팽창론을 주창했던 프리드만의 제자로 스승의 팽창설을 좀 더 적극적으로 해석한 것이다. 그는 하나의 점으로 응축되어 있던 질량과 에너지가 어느 시점에 대대적인 폭발을 일으킨 후 팽창을 거듭하여 오늘의 우주가 되었다고 주장했다.

또한 빅뱅 초기의 우주는 밀도와 온도가 너무 높기 때문에 빛과 물질이 서로 뒤엉켜 있었고, 대폭발 이후 30만 년이 지나 빛과 물질이 분리되었으며 그 흔적이 어딘가에는 남아 있을 것이라고 주장했다. 그 흔적을 '우주배경복사'라고 부른다.

　1948년 미국의 물리학자 랠프 엘퍼와 로버트 허먼은 우주배경복사를 찾기 시작했지만 실패했다. 우주배경복사는 엉뚱한 곳에서 발견되었다. 1964년, 독일 태생으로 미국 벨 연구소에 근무하던 천체물리학자 펜지아스와 로버트 윌슨은 초단파 통신에서 발생하는 잡음 때문에 골머리를 앓고 있었다. 잡음을 제거하기 위해 온갖 노력을 다했으나 허사였다. 그런데 천문학자들이 그 잡음이 빅뱅 당시에 생겨난 우주배경복사임을 확인해 주었고 이 발견으로 두 사람은 노벨 물리학상을 받았다. 우연한 발견으로 노벨상을 받은 억세게 운 좋은 사람들이었다.

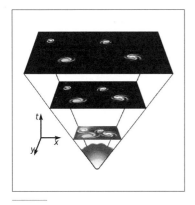

그림 1-25 팽창하는 우주. 빅뱅 이론에 따르면 대폭발 이후 지금 이 순간에도 우주는 팽창하고 있다. 그에 따라 은하들 사이의 거리 역시 점점 더 멀어지게 된다.

　지금까지 가장 많은 사람들의 지지를 얻고 있는 우주 탄생 이론이 빅뱅(big bang) 우주론이다. 빅뱅은 '대폭발'이라는 의미이다. 이 이론에 따르면 우주는 137억 년 전에 아무 것도 없는 무에서 거대한 폭발을 일으키면서 생성되어 지금도 팽창하고 있다. 그 모습은 거대한 불꽃놀이를 상상해 보면 엇비슷하지 않을까 싶다. 불꽃을 처음 쏘아 올리면 하나의 줄기에서 작은 줄기들이 무수히 뻗어나 밤하늘은 불꽃으로 가득하게 된다. 그것이 지금의 우주가 되었다.

　그렇다면 우주는 앞으로도 팽창을 계속할 것인가, 아니면 언젠가는 팽창을 멈추고 다시 수축할 것인가?

　우주에 있는 모든 물질은 인력을 가지고 있다. 이 인력이 팽창하는 우주에 제동을 걸 수 있을 정도로 질량이 충분하다면 언젠가는 팽창을 멈추고 수축으로 돌아설 것이다. 그러나 질량이 충분하지 않다면 우주는 언제까지나 팽창을 계속할 것이다.

미국 천문 연구팀이 지난 50억 년 동안의 우주 팽창 속도를 추적한 결과는 우주의 팽창 속도가 과거에 비해 더욱 빨라졌다는 것이다. 우주가 지금과 같은 팽창을 계속할지 아니면 언젠가는 팽창을 멈추고 수축으로 돌아설지 지금으로서는 아무도 단언할 수 없는 상태이다.

이번에는 우주의 모습을 감상해 보자. 먼저 우주의 크기를 보자. 과학자들은 우주의 크기를 대략 250억 광년으로 추측하고 있다. 1광년은 빛이 1년 동안 달리는 거리다. 그렇다면 우주의 넓이는 빛이 250억 년 동안 나아가는 거리라는 이야기다. 상상하기 어렵다. 그것은 우주가 빅뱅으로 탄생한 이래 250억 년 동안 빛의 속도로 달리면서 팽창하고 있다는 이야기와 같다.

상상이 어려우니 비유를 해보자. 지구를 축구공만한 크기로 줄인다면 태양은 상암동에 있는 월드컵 경기장 정도의 넓이가 된다. 그 월드컵 경기장 10억 개를 늘어놓으면 은하계 정도의 크기가 된다. 그리고 은하계 10억 개를 다시 늘어놓으면 은하단이 되고, 그 은하단 10억 개를 다시 늘어놓으면 우리의 우주가 된다.

빛의 속도로 나는 우주선을 타면 우주를 여행할 수 있을까? 우주 공간에는 시간 에너지와 공간 에너지라는 두 종류의 에너지가 있다. 시간 에너지는 시간을 흐르게 하는 에너지며, 공간 에너지는 공간 사이를 이동할 때 사용되는 에너지다. 그런데 이 두 에너지는 서로 반비례 관계에

놓여 있다. 시간 에너지가 많아지면 공간 에너지가 줄어들고 공간 에너지가 많아지면 시간 에너지가 줄어든다.

잘 이해가 안 되면 위치 에너지와 운동 에너지를 생각하면 이해하기 쉽다. 높은 곳에 있는 움직이지 않는 물체는 높은 위치 에너지를 갖지만 운동 에너지를 갖지는 못한다. 그러나 공중에서 떨어지는 물체는 운동 에너지가 점점 더 증가하는 대신 위치 에너지가 점점 줄어들게 된다.

공간 에너지를 극대화해 보자. 그리하여 마침내 빛의 속도로 달리게 되면 공간 에너지는 100이 되는 반면 시간 에너지는 0이 되어 시간의 흐름이 멈추게 된다. 그러나 어떤 힘으로도 빛의 속도를 낼 수는 없다. 왜냐하면 아인슈타인의 상대성 이론에 따르면 어떤 물체의 속도가 빛에 가까워지면 질량은 무한대가 되기 때문이다. 질량이 무한대가 되면 더 이상 속도를 낼 수 없다는 이야기가 된다.

빛에 속도에 가까운 속도로 우주여행을 할 수 있다고 가정하면 시간은 아주 느리게 흐른다. 우주에서의 10초는 지구에서의 20일 정도가 된다.

별들의 일생

별들도 태어나고 죽는다. 별의 일생을 이야기하기 전에 여기서 '별이란 무엇인가?' 하는 다소 엉뚱한 질문을 해 보자. 별이란 무엇인가? 어떤 조건을 갖추어야 별이라고 부를 수 있는가?

밤하늘에 빛난다 하여 모두 별이 아니다. 엄밀한 의미에서 별이란 '스스로 불타면서 빛을 내는 천체'다. 이런 우스개도 있다. 별을 의미하는 영어의 '스타(star)'는 '스스로 타는 천체'라는 농담이다. 태양계에서는 태양만이 스스로 불탄다. 따라서 수성, 금성, 지구, 화성 등은 별이 아니다. 달도 물론 별이 아니다.

우주는 137억 년 전 빅뱅으로 불리는 대폭발에 의해 탄생했다. 거대한 폭발 에너지가 질량으로 변하면서 별이 된 것이다. 아인슈타인의 일반상대성 이론에 따르면 '질량=에너지'이다. 즉, 질량과 에너지는 형태만 다를 뿐 동일하다는 것이다. 태양은 45억 년 전에 태어난 별로 비교적 젊은 편이다.

우주에는 대략 1,000억 개의 은하계가 있으며, 우리가 속해 있는 은하계에는 다시 태양계가 1,000억 개 정도 있다. 여기에 지구나 화성같이 스스로 빛을 내지 못하는 천체들을 합치면 상상할 수 없을 정도의 규모가 된다.

빅뱅으로 생성된 별은 처음에는 오직 중력만 작용한다. 이 중력으로 별의 내부 압력과 온도가 아주 높아진다. 내부 온도가 1억 도 이상이 되면 별 중심부에 있던 수소가 높은 온도에 의해 헬륨으로 변하는 수소 융합 현상이 일어난다. 이때 강렬한 빛과 열을 낸다. 이것이 지구촌 가족들이 먹고사는 에너지다.

수소 원자가 헬륨으로 변할 때는 약간의 질량 감소가 일어난다. 즉 수소 원자 4개가 헬륨으로 변하면 질량은 4가 아니고 3.97 정도가 된다. 여기서 헬륨으로 변하지 못한 0.003의 질량이 파괴되면서 열과 빛을 내는 것이다. 이것이 수소폭탄의 원리다. 태양은 수소가 연쇄적으로 융합을 일으키는 거대한 수소폭탄이라고 생각하면 맞을 것이다.

별에는 두 가지 힘이 작용한다. 하나는 내부로 끌어당기는 중력의 힘이고 다른 하나는 핵융합에 의한 폭발로 밖으로 뻗어나가려는 힘이다. 이 두 힘으로 별은 균형을 유지한다. 그러다가 중심부의 수소를 모두 써버려 더 이상 핵폭발이 일어나지 않으면 중력만 남아 수축한다. 그러면 수축 압력에 의해 온도가 상승하면서 이번에는 표면에 있던 수소 층이 다시 수소 융합을 일으키면서 부풀어 오른다. 표면에서 폭발이 일어나면 붉은빛을 내면서 부풀어 오른다. 이 단계를 '적색거성'이라고 부른다.

한편, 수소가 융합을 하면서 만들어진 헬륨이 중심부에 쌓이면서 중심부의 온도와 밀도는 더욱 높아진다. 중심부의 온도가 더욱 높아지면 이번에는 헬륨이 융합되면서 탄소, 산소, 질소, 나트륨 등 무거운 원소를 생성한다.

헬륨 융합이 중심부에서 외곽으로 옮겨가면 태양은 더욱 부풀어올라 표면에 있던 헬륨과 탄소 등의 원소들이 우주 공간으로 방출된다. 그러다가 더 이상 폭발할 원료가 없어지면 별은 중력에 의해 수축되어 희미하게 빛나는 작은 백색왜성이 된다. 별들은 이렇게 죽음을 맞이한다.

우리의 태양은 아직 수소를 헬륨으로 바꾸는 단계에 있다. 사람에 비유하자면 청년기에 해당된다. 태양은 1초당 4백만 톤의 수소를 헬륨으로 바꾸면서 에너지를 뿜어내고 있다.

그러나 백색왜성이 모든 별들의 마지막 단계는 아니다. 수축된 후의 질량에 따라 운명이 갈리게 된다. 수축된 별의 질량이 태양의 1.4배 이하면 백색왜성이 되어 죽음을 맞지만 1.4배 이상이면 초신성으로 변했다가 중성자별이 된다.

초신성이란 새로운 별이라는 의미가 아니고, 죽음을 맞은 별이 갑자기 밝은 빛을 내기 시작하는 현상을 가리키는 말이다. 수소, 헬륨, 탄소, 질소가 모두 Ne(네온), Mg(마그네슘), Fe(철) 등의 무거운 원소로 변할 때까지 융합 반응을 일으키고 나면 별의 내부는 더욱 무거워지면서 자체 중력을 감당하지 못해 내부로 무너져 내리는 현상이다. 이때 강렬한 빛을 내는 것이 초신성 폭발이다.

초신성이 폭발한 자리에는 아무것도 남지 않게 된다. 이 폭발로 에너지를 모두 써버린 별들은 중력에 의해 전자와 양자가 모두 붕괴되고 중성자만 남는다. 중성자만 남은 별들은 무거운 중성자의 중력으로 점점

그림 1-26 허블 우주 망원경이 찍은 NGC 4526 은하에 있는
초신성 1994D(왼쪽 아래의 밝은 점)

더 수축하여 아주 작은 크기로 변하면서 엄청난 질량이 된다. 반지름이 10km 정도로 수축한 중성자별이 질량은 태양만큼이나 무거운 별이 되는 것이다. 이것이 바로 중성자별이다.

중성자별의 가능성은 이론적으로는 1939년에 제기되었다. 중성자별의 존재가 확인된 것은 1968년 영국의 A. 휴이시 등이 발견한 펄서가 중성자별이라는 것이 밝혀지면서였다. 펄서란 규칙적으로 전파를 발사하는 천체를 가리킨다.

대부분의 별들은 중성자별이 되어 일생을 마무리하지만 수축된 질량이 태양의 3배 이상이 되면 거대한 블랙홀로 변한다. 블랙홀은 모든 질량이 하나의 점으로 줄어든 천체이다. 질량이 너무 커서 부피는 사라지고 거대한 중력만 남은 상태를 말한다. 그 중력의 힘으로 주위의 모든 것을 빨아들이는 것이 블랙홀이다. 빛조차도 이 블랙홀을 빠져나갈 수 없다. 우주에는 수만 개의 블랙홀이 있다.

태양은 초신성으로 변할 정도의 질량에 미치지 못하기 때문에 에너지를 모두 소진하면 적색거성으로 부풀어올랐다가 백색왜성이 되어 일생을 마친다.

신비로운 별 시리우스 이야기

　고대 이집트의 천문학은 나일강이 범람하는 시기를 예측하려는 노력에서 시작되었다. 그러다가 찾아낸 것이 시리우스별이었다. 시리우스는 신비한 별이다. 큰개자리의 알파별인 시리우스는 하늘의 별 가운데 가장 밝은 별 중의 하나이다. 태양보다 2배나 크고 20배나 밝은 별이다. 지구에서 8.6광년밖에 떨어지지 않은 별이어서 더욱 밝게 보인다.

　시리우스는 겨울철 북반구 하늘에서 밝게 빛나다가 7월 중순경 남반구로 넘어간다. 그러다가 나일강변에서 다시 관측된다. 태양이 뜨기 직전에 동쪽 하늘에 처음으로 모습을 나타낸다. 시리우스가 나타나면 이때부터 나일강의 범람이 시작되었다. 시리우스가 나타나는 주기는 정확히 365.25일이어서 나일강의 범람 시기와 기막히게 일치했던 것이다.

　하늘에 보이는 2,000여 개의 별 중에서 365일의 주기를 가진 별은 시리우스밖

그림 1-27 화가가 모사한 시리우스 쌍성의 모습

에 없다. 그래서 더욱 신비로운 별이 되었다. 이집트인들은 시리우스가 뜨는 날을 일 년의 첫날로 잡고 태양력을 만들었다. 1년의 길이는 그렇게 발견되었다.

시리우스는 처음으로 발견된 백색왜성이며 쌍성인 것으로 밝혀졌다. 쌍성이란 두 개의 별이 맞물려 서로가 서로를 공전하고 있는 별을 말한다. 그중 큰 별은 밝아서 지구에서 관측할 수 있지만 작은 별은 흐려서 보이지 않는다.

19세기 독일의 천문학자 베셀은 시리우스를 관측하던 중 이 별이 이상할 정도로 위치가 불안정하다는 사실을 발견했다. 그러나 그 이유를 설명할 수 없었다. 1862년, 망원경 제작자였던 앨번 클라크는 직경 47cm 굴절망원경으로 시리우스를 관측하던 중 희미하게 빛나는 짝별 하나를 발견했다. 이 두 개의 별은 쌍둥이 별이었던 것이다.

천문학적으로는 작은 시리우스가 좀 더 중요한 별이다. 태양의 1/100밖에 안 되는 작은 별이지만 질량은 태양과 맞먹을 정도다. 그렇다면 그 밀도는 지구인들이 상상할 수 없을 정도로 높다는 뜻이다. 이 별에 있는 흙 한 숟가락을 뜨면 무게가 1톤이나 된다. 별이 죽어가면서 고밀도로 수축된 백색왜성이었던 것이다.

옛날 사냥꾼 오리온(오리온자리)은 늘 개 두 마리를 데리고 사냥을 다녔다. 어느 날 사냥을 갔던 오리온은 숲속으로 들어갔다가 여신 아르테미스가 목욕하는 장면을 목격했다. 이 사실을 알게 된 여신은 사냥꾼을 사슴으로 만들어 버렸다. 그러자 뒤따르던 개들은 주인인지 모르고 사슴을 물어 죽였다. 개들의 신속함에 감탄한 제우스가 이들을 하늘의 별자리로 만들었으니 그것이 시리우스다.

스카치테이프로 받은 노벨 물리학상, 그래핀

  노벨상 받기는 벼락 맞을 확률보다 낮다는 말이 있다. 그만큼 어렵다는 이야기인데 그런 노벨상을 두 번씩이나 받은 사람도 있다. 그것도 4명이나 된다. 그들이 누구인지 차례로 만나 보자.

  우선 퀴리 부인이 있다. 폴란드 태생의 퀴리 부인은 방사성 원소를 발견한 공로로 1903년에 남편과 공동으로 노벨 물리학상을 받았으며, 1910년에는 라듐 원소를 분리한 공로로 노벨 화학상을 받았다. 물론 여성 최초의 노벨 과학상이다.

  20세기에 들어서 미국의 과학자 라이너스 칼 폴링이 두 번 받았다. 1954년에 단백질 분자 구조를 연구하여 노벨 화학상을 받았으며, 1962년에는 노벨 평화상을 받았다.

  미국의 물리학자 존 바딘은 1956년에 트랜지스터를 발명한 공로로 물리학상을 받았으며, 1972년에는 초전도 이론으로 다시 노벨상을 받았다.

  영국의 생화학자 프레더릭 생어는 1958에 인슐린 분자 구조를 밝혀 노벨 화학상을 받았고, 1980년에는 DNA 구조의 생물학적, 화학적 분석법을 개발한 공로로 노벨 화학상을 수상했다.

  퀴리 부인이나 다른 사람들은 자신의 전공 분야에서 두 번 받았지만 폴링의 경우에는 처음에 받은 화학상과는 전혀 관계가 없는 노벨 평화상을 받았다는 점에서 화제가 되었다.

폴링은 뉴턴, 아인슈타인 등과 함께 역사상 가장 중요한 과학자 20인에 선정될 정도의 인물이었다. 캘리포니아 공대를 졸업한 그는 '단백질 분자 구조 규명'이라는 연구를 통해 노벨상을 받았으며, 그가 출간한 저서《화학 결합의 본질》은 역사상 가장 영향력 있는 책 중의 하나로 평가되고 있다.

그러다가 제2차 세계대전이 터지자 그는 반전 운동가로 변신했다. 1954년 미국이 수소폭탄 실험을 하자 그는 팔을 걷고 반핵 운동에 참여했다. 전 세계 9천 명이 넘는 과학자들의 서명을 받아 핵실험 중지를 요구하는 서한을 유엔에 제출했고, 수소폭탄의 아버지로 불리는 에드워드 텔러와 설전을 벌이기도 했다.

그러나 폴링의 이러한 활동은 자칫 공산주의자들의 음모가 아닐까 하는 의심을 받아 그의 행동이나 말은 모두 미국 연방수사국의 감시를 받았다. 미 국무성은 아예 그의 여권을 취소해 버렸으며 의회 청문회에 불려나가 심문을 당하기도 했다.

그러나 그는 반핵 운동에 대한 의지를 굽히지 않았다. 핵 없는 세상을 만들어야 한다는 그의 호소는 마침내 미·소 핵실험 금지조약을 이끌어냈다. 지상이나 공중, 바다에서의 모든 핵실험을 금지하고 오직 지하에서만 핵실험을 허용한다는 내용의 조약을 이끌어냈고, 그 공로로 노벨 평화상을 받은 것이다.

노벨상 중에서도 과학상은 새로운 이론이나 새로운 물질의 발견 등으로 인류 발전에 큰 공을 세운 사람들에게 수여되는 상이다. 그러면 노벨 과학상을 받은 이론은 모두 특허의 대상이 될까?

그렇지 않다. 예를 들면, 퀴리 부인은 방사성 원소의 발견과 라듐 원소를 찾아낸 공로로 노벨상을 두 번이나 받았다. 그것이 인류 발전에 크게 기여한 것은 사실이지만 방사성 원소나 라듐은 원래부터 지구상에 존재하고 있었던 것으로 발견 자체만으로는 특허가 되지 않는다. 특허가 되기 위해서는 '창작'이 되어야 한다는 것이다.

다시 말해, 방사성 원소를 가지고 의료 진단기를 만들었다면 특허의 대상은 되지만 노벨상감은 아니다. 반대로 전기를 발견한 것은 노벨상감은 되지만 특허감은 되지 않는다는 것이다. 그러나 그 전기를 이용하여 전등을 만든 에디슨은 특허감은 되지만 노벨상감은 아닐 수도 있다는 것이다. 에디슨은 1,000건이 넘는 발명 특허를 얻었지만 노벨상을 받지는 못했다. 그러나 발명이라고 해서 노벨상을 받지 못한다는 것은 아니다. 전신기를 발명한 마르코니는 노벨상을 받았다.

한마디로 노벨상은 이론에 수여되는 경향이 강하며 특허는 곧바로 산업에 적용될 수 있는 '새로운 기술'에 부여된다. 물론 두 가지의 가능성을 동시에 가진 것은 노벨상감도 되고 특허 대상도 될 수 있을 것이다.

노벨 과학상은 주로 기초 분야에 수여되지만 노벨 물리학상이나 화학상은 발명에 무게를 둔다. 어떤 물질을 누가 처음 발명했느냐 하는 것이다. 2010년 노벨 과학상은 그래핀 발명자인 노보셀로프 교수와 안드레 가임 교수가 공동으로 수상했다.

이제부터 꿈의 소재라고 불리는 그래핀의 정체를 살펴보기로 하자. 그래핀이란 세상에서 가장 얇으면서도 가장 단단한 물질이다. 그래핀은 두께 0.35nm(나노미터)로, 고작 원자 한 층밖에 안 되는 두께다. 10억분의 1m 두

께에 그래핀을 3장 정도 쌓을 수 있다.

그래핀은 상온에서 구리보다 100배나 많은 전류를 실리콘보다 100배 이상 빠르게 흐르게 할 수 있는 물질이다. 게다가 빛이 98%나 통과할 정도로 투명하기까지 하다. 열 전도성도 탁월해 구리보다 10배나 더 열을 잘 전달한다. 강도는 강철보다도 100배 이상 강하다. 또한 자기 면적의 20%까지 늘어날 정도로 신축성도 좋다. 게다가 완전히 접어도 전기 전도성이 사라지지 않는다.

이렇게 소재로서 어디 하나 부족할 것 없는 그래핀은 쓰임새가 다양하다. 반도체 트랜지스터부터 투명하면서도 구부러지는 터치스크린, 태양 전지판까지 앞으로 각종 전자장치에 쓰일 것으로 예상된다.

이런 그래핀이 플라스틱과 만나면 플라스틱의 새로운 장이 열린다. 전기가 통하지 않는 플라스틱에 1%의 그래핀만 섞어도 전기가 잘 통하게 된다. 또한 플라스틱에 고작 0.1%의 그래핀을 집어넣으면 열에 대한 저항이 30%나 늘어난다. 그러니 얇으면서도 잘 휘어지고 가볍기까지 한 새로운 초강력 물질이 탄생한 것이다. 과학자들은 그래핀의 환상적인 성능에 감탄하고 있다.

그런데 이 두 물리학자가 그래핀을 얻어낸 방법은 정말 기가 막힐 정도로 간단했다. 신소재 개발의 도구라고 하기에는 너무도 간단한 '스카치테이프'가 동원된 것이다. 연필심으로 쓰이는 흔한 물질인 흑연은 그래핀 여러 장이 켜켜이 쌓여 있는 구조다.

노보셀로프 교수와 가임 교수는 흑연에 스카치테이프를 붙였다 뗐다 하는 아주 간단한 방법으로 이 일을 해냈다. 흑연에 스카치테이프를 10~20번 정도 붙였다 뗐다를 반복했더니 그래핀이 생성되더라는 것이다. 그동안 과학자들이 그토록 애써 얻으려고 했던 그래핀이 이렇게 간단하게 만들어졌다. 그것도 상온에서 말이다. 마치 아이들 장난 같은 이야기다.

통계를 보면 1960년대 이전까지는 노벨상 수상 이론의 35% 정도가 특허를 출원했으나 2001년 이후에는 약 73%가 특허를 출원하고 있다. 특허를 출원하지 않은 경우로는 특허 대상이 아닌 경우도 있고 경제성이 없다는 이유도 있지만 특허 출원 자체를 거부하는 사람도 있다.

일부 노벨상 수상자들 중에는 자신의 이론으로 특허 출원도 충분히 가능하지만 진정으로 인류를 위하는 길이 무엇인가를 고민한 끝에 특허를 출원하지 않고 세계의 모든 과학자들이 자신의 이론을 공유하게 하는 경우도 있다. 진정한 과학자라면 그것이 훨씬 더 멋진 일이 아닐까 생각된다.

chapter
02

재미있는
화학 이야기

재미있는 고체, 액체, 기체 이야기

물은 0℃에서 얼음으로 변하고 100℃에서 수증기로 변하면서 온도에 따라 고체, 액체, 기체 사이를 오가는 물질이다. 지금 우리가 쓰고 있는 섭씨(℃)는 물이 끓는 온도를 100도, 물이 어는 온도를 0도로 정하여 그것을 기준으로 설정한 온도 체계이다.

섭씨보다 먼저 등장한 화씨(℉)는 물과 얼음 암모늄이 혼재되어 있는 온도를 0, 물과 얼음이 섞여 있는 상태에서 물이 어는 온도를 32, 인간의 체온을 96으로 설정해서 만든 온도 체계이다.

지구상의 원소들을 고체, 액체, 기체로 나누어 보자. 섭씨 25℃를 기준으로 하는 상온에서 수은과 브롬을 제외한 90여 종의 금속류는 모두 고체 형태이다. 수은은 상온에서 유일하게 액체 형태를 띠는 금속 원소이며, 브롬 역시 상온에서 액체 형태를 띠는 할로겐 원소이다. 기체는 수소, 산소, 질소, 헬륨, 네온, 염소 등 11종이다.

그럼 물은 어디로 갔을까? 물은 위의 분류에 들어가지 못한다. 왜냐하면 물은 원소가 아닌 수소와 산소가 결합하여 생성된 화합물이기 때문이다.

그럼 번개나 무지개는 어디에 속할까? 그건 물질이 아니기 때문에 역시 위의 분류에 들어가지 못한다. 번개나 무지개는 하나의 현상일 뿐 물질이 아니라는 의미이다.

그러나 위의 분류는 섭씨 25℃라는 일상적인 온도와 기압을 기준으로 했기 때문에 온도나 압력이 조금만 변해도 형태가 변하는 것들이 많다. 칼륨은 29℃에서 녹아버리기 때문에 손바닥 위에만 올려놓아도 액체로 변한다.

이번에는 드라이아이스를 보자. 드라이아이스는 이산화탄소, 즉 탄산가스가 높은 압력을 받아 고체 얼음으로 변한 것을 가리킨다. 이때의 온도는 영하 78.5도로 차가운 얼음덩어리이다.

이 얼음을 공기 중에 노출시키면 액체 상태를 거치지 않고 곧바로 기체로 바뀐다. 이처럼 고체에서 액체를 거치지 않고 기체로 변하는 현상을 '승화'라고 부른다. 드라이아이스를 물속에 집어넣으면 부글부글 끓는 것처럼 연기를 내뿜으면서 기체로 변한다.

이번에는 수소를 액체로 만들어 보자. 수소는 지구상에 많은 양이 존재한다. 또 수소는 산소와 결합하여 강한 열을 내기 때문에 차세대 에너지원이 될 수 있다. 그러나 부피가 너무 크다는 점이 문제가 된다. 수소를 연료로 하는 자동차가 300km를 달리기 위해서는 자동차 트렁크 정도의 연료통이 필요하다고 한다.

지금 세계적으로 수소를 고체로 만드는 연구가 진행 중이다. 수소를 콩알만하게 고체로 만들 수 있다면 인류가 당면한 에너지 문제는 상당 부분 해결될 것이 틀림없다.

물질은 크게 금속과 비금속으로 나눌 수 있다. 지구상에 있는 100여 종의 원소 중 80여 종이 금속이고 나머지는 비금속이다. 금속은 보통 고체 형태를 하고 있으며 단단하고 광택이 나고 전기와 열을 잘 전달하며, 얇은 판으로 펼 수도 있고 가느다란 실로 뽑을 수도 있다. 금속은 보통 상온에서는 고체지만 일정한 온도가 되면 녹는다.

상온에서 고체라고 해서 모두 금속이 되는 것은 아니다. 설탕, 소금, 양초 등은 상온에서도 고체 형태이다. 물도 0℃에서는 고체인 얼음이 된다.

그럼 상온에서 액체 형태를 하고 있는 수은은 금속일까 아닐까? 수은은 녹는 온도가 아주 낮기 때문에 상온에서도 액체 형태를 하고 있지만 금속이다. 수은도 -38.85℃의 온도가 되면 고체로 변하면서 다른 금속들과 마찬가지로 금속의 성질을 가지게 된다. 100여 가지 원소 중에서 녹는점과 끓는점이 가장 낮은 물질이 헬륨이다. 헬륨은 -272.1℃에서 얼고 -268.9℃에서 끓는다.

고체가 일정 온도에서 액체로 변하는 것을 융해라고 한다. 융해가 시작되는 온도가 녹는점이다. 응고는 융해와 반대이다. 액체 상태의 물체가 고체로 변하는 온도를 응고라고 부른다. 물의 응고점은 0℃이다.

열을 가해서 기체로 변하는 것을 기화라고 부른다. 기화가 시작되는 온도가 끓는점이다. 물의 기화 온도는 100℃다. 반대로 기체가 액체로 변하는 현상을 액화라고 부른다.

고체가 액체 상태를 거치지 않고 곧바로 기체로 변하는 것을 승화라고 부른다. 승화를 일으키는 물질 중에는 나프탈린, 요오드, 드라이아이스 등이 있다.

대부분의 금속은 땅속이나 바위 속에 산소나 탄소, 황, 규소 등과 결합된 형태로 섞여 있다. 또 대부분의 금속은 순수한 상태에서 너무 무르거나 쉽게 녹이 슬고 가공하기가 어렵다. 그래서 몇 가지 종류의 서로 다른 금속을 섞어서 합금 형태로 이용한다.

금속 중에서 거의 유일하게 순수한 원소 형태로 사용할 수 있는 것이 금이나 백금이다. 금이 귀한 이유는 순수한 형태로 가공이 가능하다는 점과 어떤 경우에도 녹이 슬지 않는다는 점이다. 금은 공기 중에서는 물론이고 땅속이나 물속에서도 녹이 슬지 않는다. 무덤에서 나온 몇 천 년 전의 왕관이 여전히 찬란하게 빛나는 것이 그 증거다. 금은 불에 태워도 색깔이 변하지 않는다. 금이 귀한 또 다른 이유는 부드럽기 때문에 가공하기 쉽다는 점이다. 그래서 왕관이나 반지 등 세공품을 만들기에 안성맞춤이다. 또 다른 모든 물건은 시간이 지나면 가치가 떨어지지만 금은 어떤 형태로 보관해도 가치가 떨어지지 않는다. 금이 귀한 이유이다.

신기하고도 재미있는 드라이아이스

드라이아이스는 참 재미있는 물질이다. 드라이아이스(dry ice)를 글자 그대로 해석하면 '건조한 얼음'이라는 뜻이 된다. 얼음은 만지면 물기가 묻지만 드라이아이스는 아무리 만져도 물기가 없다. 그래서 붙은 이름이 드라이아이스다.

드라이아이스는 고체이다. 그런데 공기 중에 노출되면 액체 상태를 거치지 않고 바로 기체로 변한다. 드라이아이스는 고체에서 직접 기체로 변하면서 주위의 열을 빼앗아 간다. 그래서 드라이아이스 주변 온도는 아주 빠르게 내려간다. 이런 성질 때문에 생선, 육류, 식품의 보관과 이동에 아주 유용하게 쓰인다. 드라이아이스가 없었다면 식품을 전 지구촌으로 운송할 수 없었을 것이다. 또 드라이아이스는 기체로 변할 때 탄산가스를 내뿜기 때문에 미생물이 살 수 없어 부패나 변질을 막아준다.

드라이아이스는 공기 중의 물기를 차갑게 하여 이슬을 맺게 한다. 인공적으로 비를 내리게 하는 인공 강우 실험도 바로 드라이아이스를 이용한 것이다. 인공 강우 투자는 전 세계적으로 매우 활발하다. 이미 40여 개국에서 기상 조절을 위한 다양한 프로젝트가 진행 중이다. 1946년 세계 최초로 인공 강우에 성공한 미국은 기상 무기로 활용하고 있을 정도다. 만년 물부족 국가인 중국에서도 인공 강우 실험에 심혈을 기울이고 있다. 우리나라에서는 2009년에 처음으로 인공 강우 실험에 성공한 바 있다.

오늘날 드라이아이스는 의약품의 보관, 운송이나 연회용, 행사용, 놀이용품 등의 용도로 널리 쓰이고 있다. 드라이아이스는 주위로부터 열을 빼앗기 때문에 반드시 장갑을 끼고 다루어야 한다. 그렇지 않으면 화상을 입을 수도 있다(뜨거운 물질에 닿아도 화상을 입지만 아주 차가운 물질에 닿아도 화상을 입을 수 있다.). 또 드라이아이스는 이산화탄소를 내뿜기 때문에 좁은 공간에서 다룰 때는 특히 주의해야 한다.

연금술의 역사는
고대 과학의 역사였다

중세의 연금술은 요즘으로 보면 최첨단 화학이었다. 연금술이란 수은이나 납, 아연 같은 값싼 금속으로 황금을 만들려는 기술을 말한다. 연금술의 이론적 근거는 모든 물질은 물, 불, 흙, 공기로 이루어져 있다는 아리스토텔레스의 4원소론에 바탕을 두고 있다.

이 이론에 따르면 나무는 불과 흙과 공기로 이루어져 있다. 나무를 태우면 불이 일어나고, 불타면서 연기가 발생하고, 타고 나면 재가 남는다. 이것으로 나무는 불, 흙, 공기로 이루어진 물질이라고 믿은 것이다. 따라서 4원소의 비율을 조절하면 금도 만들 수 있다는 것이 이들의 생각이었다.

또 다른 미신이 있다. 금이나 은은 몇 천 년에 걸쳐 땅속에서 생성된 것이다. 그렇다면 수은이나 납 같은 값싼 금속을 이용해 금이나 은의 생성 과정을 단축하여 만들 수 있지 않을까 하는 생각이다.

한편 동양, 곧 중국이나 인도에서는 연금술로 금을 만든다는 생각보다는 불로장생의 약을 만들려는 의도가 더 강했다. 고대 중국 황제들의 수명이 턱없이 짧았던 것도 연금술사들이 만든 수은과 납 성분이 가득한 약을 많이 마신 탓이었다.

그림 2-1 피터 브뢰헬이 그린 연금술사들(1558년작)

서양의 연금술은 고대 이집트에서 비롯되었고 연금술사들은 알렉산더 대왕에 의해 건설된 도시 알렉산드리아에서 본격적으로 등장했다. 귀하고 값비쌀 뿐 아니라 썩지도 변하지도 않는 금을 고대인들은 신성함의 상징으로 여겼던 것이다.

알렉산드리아에서 꽃피운 연금술은 서기 642년에 아랍인이 이집트를 정복한 뒤 아랍 세계로 전해졌다. 8세기경에는 아랍 연금술의 아버지 자비르 이븐 하얀이 연금술을 연구하는 과정에서 황산 등 여러 금속 화합물의 제조법을 발견하기도 했다.

아랍의 연금술은 12세기 십자군 원정 때에 다시 유럽으로 전해졌다. 유럽으로 전해진 연금술은 17세기에 이르기까지 당대 유럽 지식인들의 마음을 사로잡았다. 연금술을 향한 끝없는 열망은 서양에서 근대 과학이 나타남과 동시에 시들해지기 시작했고, 중국에서는 유학과 불교의 부흥에 따라 쇠락의 길을 걸었다.

금을 만들어 내려는 오랜 세월의 시행착오 과정에서 연금술사들은 화학과 관련된 많은 현상을 발견했고 그에 따라 화학의 기초 지식이 축

그림 2-2 독일의 의사이자 화학자, 연금술사인 안드레아스 리바비우스의 작업실 재현

적되었다. 그들은 비록 금을 만들지는 못했지만, 여러 가지 물질들을 섞고, 끓이고, 달구고, 분리하는 과정에서 자연스럽게 화학 변화를 일으키는 다양한 방법을 발견했고, 질량을 측정하는 저울이나 금속을 녹이는 도가니, 플라스크, 증류기 등 많은 화학 기구들을 발명해 냈다.

도깨비불의 원인이 되는 인(P)도 독일의 브란트라는 사람이 연금술로 금을 만들려다가 발견한 물질이다. 공동묘지 같은 곳에서 이런 도깨비불이 나타나는 것은 시체가 썩으면서 발생하는 인화수소 때문이다. 어두운 곳에서 인화수소를 스프레이 같은 것으로 뿌려도 도깨비불을 만들 수 있다.

고대 이래로 많은 사람들이 연금술에 매달렸다. 특히 중세기에 극심

했는데, 값싼 구리나 납 등으로 금을 만들어 많은 돈을 벌려는 욕심 때문이었다. 그러는 가운데 황산, 염산 등 여러 가지 화학 물질을 발견하였고, 물질이 변화하는 모습을 관찰하면서 화학 법칙을 이끌어냈다. 이는 라부아지에와 같은 사람들이 근대 화학의 기초를 이룩하는 데 많은 도움을 주었다. 이처럼 연금술은 뜻하지않게 근대 화학의 기반을 닦았던 것이다.

도깨비불 이야기

　여름밤, 비가 부슬거리며 내릴 때 혼자서 산길을 가고 있으려면 공동묘지 부근에서 갑자기 푸르스름한 불이 나타나 주위를 빙빙 도는가 하면 여럿으로 갈라지기도 하고 사람이 다가가면 어디론가 사라져 버리기도 한다. 이 도깨비불의 정체는 화학 원소인 인(P)이 불타면서 나타나는 현상이다.

　인의 화합물인 액체 상태의 인화수소는 보통 온도에서 저절로 불이 붙는 성질을 가지고 있다. 공동묘지 같은 곳에서 이런 도깨비불이 나타나는 것은 시체가 썩으면서 발생하는 인화수소 때문이다. 어두운 곳에서 인화수소를 스프레이 같은 것으로 뿌려도 도깨비불을 만들 수 있다.

　도깨비불의 원인이 되는 인(P)은 독일의 브란트라는 사람이 연금술로 금을 만들려다가 발견했다.

　1669년 브란트는 금을 만들기 위해 여러 종류의 실험을 했는데, 한번은 오줌을 증발시킨 걸쭉한 액체에다 모래와 숯을 넣어 강하게 가열했다. 그러자 바닥에 남아 있던 물질이 흰 연기를 내면서 불이 붙었다. 그것을 모아 두었더니 어둠 속에서도 환하게 빛을 내 책을 읽을 수 있을 정도였다고 한다. 그것이 인이었다.

　인의 전자는 매우 천천히 궤도를 돌기 때문에 오랫동안 스스로 빛을 낼 수가 있다. 어둠 속에서도 야광시계를 볼 수 있는 것은 인광을 내는 물질이 발라져 있기 때문이다. 브란트는 금을 만들지는 못했지만 사람들에게 돈을 받고 인광을 보여주거나 팔아서 부자가 되었다고 한다.

　인광 현상이 널리 알려지기 전에도 인은 많은 사기꾼과 사이비 종교지도자들에게도 이용됐다. 밀랍이나 파라핀에 인을 섞어 글을 써 놓고 밤중에 사람들에게 보여줌으로써 신의 계시라거나 지도자의 신통력이라고 속이는 일이 많았다. 아무것도 모르는 사람들은 도깨비에 홀린 기분이었을 것이다.

물질의 종류

원소는 금속 원소와 비금속 원소로 분류할 수 있다. 금, 은, 철 등이 금속 원소이며 수소, 산소, 탄소 등이 비금속 원소이다. 금속 원소는 무게가 무거우며 광택이 있고 전기가 잘 통하는 특징이 있다. 반면 비금속 원소는 전기가 통하지 않으며 형태도 일정하지 않다. 지구상에는 자연 상태의 원소가 92개, 인공적으로 만들어낸 원소가 17가지로 모두 109가지의 원소가 있다.

인공 원소는 핵반응 등을 통해 인공적으로 만들어 낸 원소다. 대표적인 것이 핵무기를 만드는 플루토늄이며, 2011년 일본 원자력 발전소에서 누출된 요오드나 세슘 같은 것들도 인공 원소다.

수소나 산소처럼 원소 한 가지로만 이루어진 물질을 순물질이라고 하고, 물과 같이 두 가지 이상의 원소들이 일정 비율로 결합된 물질을 화합물, 그리고 공기나 소금물 같이 여러 가지 물질이 뒤섞인 것을 혼

그림 2-3 미국의 로스앨러모스에서 정제되어 핵폭탄 제조를 위해 로키 플래츠 공장으로 보내졌던 플루토늄 고리. 지름 약 11cm, 무게 5.3kg, 순도 99.96%인 이 플루토늄으로 핵폭탄 한 개를 만들 수 있었다. 로키 플래츠는 1989년 환경법 위반으로 가동이 정지되었고 이후 폐쇄되었다.

합물이라고 한다. 혼합물과 구분하기 위해 화합물도 순물질로 분류하기도 한다.

원소의 종류는 109가지밖에 안 되지만 이들이 다양한 형태의 결합을 하여 물질을 만들기 때문에 세상에는 원소의 종류보다 물질의 종류가 훨씬 더 많다. 순물질과 화합물, 혼합물을 예를 들어 알아보자.

여러분이 6학년 1반 학생이라고 가정해 보자. 6학년 1반 학생들만 교실에 모여 있는 것이 순물질이다. 이 학생들은 교내 어디를 가든 6학년 1반이라는 사실이 변하지 않는다. 그런데 이웃 학교와 축구 시합을 위해 각 반에서 축구 잘하는 학생들을 뽑았다. 이렇게 구성된 축구부는 화합물이다. 방과 후에는 여러 학년, 반 학생들이 뒤섞인 상태가 된다. 이것이 혼합물이다.

혼합물은 공기나 물처럼 여러 종류의 물질이 뒤섞여 있는 상태이다. 따라서 이것은 물리적인 방법으로 나눌 수 있다. 소금물이나 설탕물이라면 물을 증발시켜 원래의 소금이나 설탕을 얻을 수 있다는 말이다. 공기도 혼합물이어서 수소와 산소, 탄산가스 등으로 나눌 수 있다.

화합물은 화학적인 방법으로 결합된 물질이기 때문에 물리적인 방법으로는 나눌 수 없고 화학적인 방법으로만 나눌 수 있다. 물을 전기분해하여 수소와 산소로 나눌 수 있는 것과 같다.

반면 한 가지 원소로만 이루어진 순물질은 화학적인 방법으로도 더 이상 나누지 못하는 물질이다. 수소나 산소, 금 등은 어떤 방법으로도 더 이상 나눌 수 없다.

원자와 분자

원자의 존재가 인정받기까지는 많은 세월이 필요했다. 원자의 개념을 처음 생각한 사람은 기원전 5세기에 살았던 그리스의 철학자 데모크리토스였다. 그는 물질을 쪼개고 쪼개면 더 이상 쪼갤 수 없는 어떤 알갱이가 남을 것이라고 가정하고 그들이 모이고 흩어지면서 만들어내는 것이 만물이라고 생각했다. 그리고 그 이름을 atom(원자)이라고 불렀다.

그는 철학자이면서 수학자이자 과학자이기도 했다. 사면체와 원뿔의 부피를 연구하면서 그는 무한소 개념을 처음 생각해 낸 사람이기도 했다. 원뿔이란 아래는 넓은 원판, 위로 갈수록 점점 작아지다가 나중에는 무한소로 작은 원판을 쌓은 것이라고 생각한 것이다. 지금으로 보면 미분, 적분의 기본 개념이다. 그것으로 그는 원뿔의 부피는 같은 밑면에 같은 높이를 가지는 원기둥의 3분의 1임을 밝혀냈다.

비교적 근래에 들어 원자의 개념이 제기된 것은 1808년 영국의 과학자 존 돌턴(1766~1844)에 의해서였다. 그는 수소 알갱이와 산소 알갱이가 결합하여 물이 되듯이 원자 알갱이들이 몇 개씩 정수비례로 결합하여 새로운 물질이 된다고 설명했다. 이것으로 원자는 알갱이라는 생각이 더욱 굳어졌다.

지구상에 존재하는 물질 중에서 한 가지 원자로만 구성된 물질을 원소라고 부른다. 즉, 수소 원자들로만 구성된 것이 수소 원소이며, 산소 원자들로만 구성된 것이 산소 원소이다. 금이나 은도 한 가지 원소로만 이루어진 물질이다. 이런 물질을 순물질이라고 부른다. 다이아몬드도 탄소로만 구성된 순물질이다.

그러나 지구상에는 순물질보다 여러 가지 원자들로 구성된 화합물이 더 많다. 물은 수소와 산소로 구성된 화합물이며, 탄산가스는 탄소와 산소가 결합된 화합물이다. 화합물이 더 많은 이유는 다른 원소와 결합하는 것이 훨씬 더 안정된 구조를 가지기 때문이다.

물은 수소(H) 2개와 산소(O) 1개로 이루어진 화합물이다. 그래서 물을 화학 기호로는 H_2O로 표기한다. 이처럼 두 가지 이상의 기체들이 화합물을 만들 때는 원자들 간에 정수비례가 성립된다. 수소 2개, 산소 1개가 결합하여 수증기 2개가 되는 것처럼 말이다.

물의 구조가 알려지자 과학자들을 골치 아프게 하는 문제가 하나 더 발생했다. 수소 2개와 산소 1개가 결합하여 수증기 2개가 만들어진다

그림 2-4 돌턴(위)과 원소 기호표. 이 표에는 각 원소들의 기호와 원자량이 표시되어 있다.

면 산소는 반쪽으로 나누어져야 한다. 즉, 수소 원자 하나와 산소 원자 반쪽(1/2)이 수증기 하나를 만든다는 이야기가 되기 때문이다. 이것은 원자를 더 이상 나눌 수 없는 알갱이라고 하는 원칙에 어긋난다.

여기서 이탈리아의 화학자 아보가드로(1776~1856)가 나타나 '원자' 외에 '분자'의 존재를 가설적으로 제안했다. 수소는 원자 2개가 모여 하나의 분자가 되고, 산소도 원자 2개가 모여 하나의 분자가 된다는 가설이다. 그러면 수소 분자 두 개와 산소 분자 하나가 결합한다고 보면 $2H_2+O_2{\rightarrow}2H_2O$가 되어 산소를 반쪽으로 나누지 않아도 쉽게 설명할 수 있다는 주장이었다.

그의 분자론에 따르면 원자는 스스로 물질의 성질을 갖지 못하고 분자가 되어야 비로서 물질의 성질을 갖는 최소 단위가 된다는 것이었다. 따라서 수소와 산소가 결합하여 물이 된다는 것은 원자끼리의 결합이 아니라 분자끼리의 결합이라는 가설이었다.

그는 이 가설을 바탕으로 '같은 온도와 같은 압력에서 모든 기체는 같은 부피 속에 같은 수의 분자를 가져야 한다.'는 아보가드로의 법칙을 세상에 내놓았다. 이 가설로 원자와 분자가 구분되었으며 화학 반응의 이치를 밝힐 수 있게 되었다.

그러나 당시의 학자들은 아보가드로의 가설을 쉽게 받아들일 수 없었다. 원자와 분자의 개념이 없었기 때문에 같은 공간에 크기가 다른 입자들이 같은 숫자로 들어간다는 것을 이해하지 못했던 것이다. 그래서 아보가드로의 가설은 자신의 생전에 인정을 받지 못하고 그가 죽고 나서 그의 제자 카니자로가 스승의 가설을 다시 제안하여 인정받게 되었다. 가설이 제기된 지 50년 후의 일이었다.

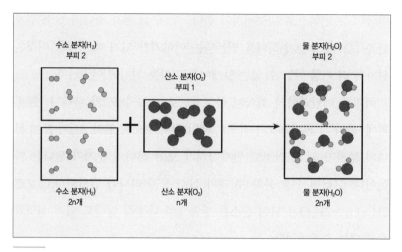

수소 분자(H₂)
부피 2

산소 분자(O₂)
부피 1

물 분자(H₂O)
부피 2

수소 분자(H₂)
2n개

산소 분자(O₂)
n개

물 분자(H₂O)
2n개

그림 2-5 아보가드로의 법칙에 따라 수소 분자와 산소 분자가 결합하여 물 분자가 되는 원리

원자의 구조는 20세기에 들어 러더포드에 의해 밝혀졌다. 뉴질랜드 출신의 영국 과학자였던 그는 원자의 구조는 질량의 대부분이 핵에 몰려 있고 양의 전하를 띠고 있는 것으로 보았다. 이 발견은 그의 제자 중 한 사람인 덴마크의 이론 물리학자 닐스 보어에 의해서 좀 더 정교하게 다듬어져 태양계 모형의 원자 구조를 낳게 되었다.

수소와 탄소 이야기

지구상에 존재하는 109가지의 원소들이 혼자서, 혹은 몇 가지 종류가 결합하여 다양한 물질을 만들어 내는 것이 우리가 살고 있는 세상이다. 그중 수소와 탄소를 보자.

수소는 가장 가벼우면서도 우주 질량의 75%를 차지할 정도로 많다. 지구에서 가장 흔한 물질이 물인데, 그 물의 2/3가 수소이다. 수소 분자 2개와 산소 분자 1개가 만나 물을 만드는 것이다(H_2O).

세상의 모든 물질은 타고 나면 재가 남지만 수소는 불타면 '물'이 남는다. 말하자면 물은 수소가 타버린 재인 셈이다. 불에 타면 물이 되는 특이한 원소, 그것이 수소이다.

사실 우주를 구성하고 있는 만물은 수소에서 시작되었다. 태양과 같은 초고온, 초고압 상태에서는 수소가 헬륨으로 변하면서 강한 빛과 열을 내는 것이 태양 에너지다. 그 헬륨이 더 높은 온도와 압력을 받으면

베릴륨이 되고, 그것이 더 높은 온도와 압력을 받으면 탄소가 되는 식이다. 이런 방식으로 철까지 만들어진 것이다.

수소는 거의 무한으로 존재하는 물질이다. 물을 전기분해하면 수소를 얻을 수 있고 이것을 태우면 다시 물이 된다. 수소를 태울 때 나오는 열은 석유의 3배 정도이므로 완벽한 청정에너지로 사용될 수 있다. 석유 매장량이 그리 많이 남지 않았다는 점을 감안하면 다음 세대의 에너지원이 될 원소이다.

그런데 문제가 몇 가지 있다. 수소를 얻는 방법에는 석유나 석탄과 같은 화석 연료에서 수소를 분리해 내거나 물을 전기분해하여 얻는 방법이 있다. 전기분해 방법을 보자. 물을 전기분해하려면 전기가 있어야 한다. 그 전기는 어디서 얻을 것인가? 석유나 석탄으로 발전을 해야 한다는 것이다.

안전성에도 문제가 있다. 수소는 산소와 결합하여 무서운 폭발력을 내기 때문이다. 부피도 문제가 된다. 수소를 압축하는 기술이 나타나기 전까지는 수소를 저장하기 위해 거대한 탱크가 있어야 하기 때문이다. 그러나 이런 문제들은 과학자나 기술자들의 몫으로 남겨 두기로 하자.

이번에는 탄소를 보자. 탄소는 원소들 가운데 가장 발이 넓은 마당발이다. 석탄 덩어리가 바로 탄소다. 검은 색깔인 연필심의 흑연도 탄소이며, 놀랍게도 세상에서 가장 아름다운 다이아몬드도 탄소 덩어리다. 전혀 다른 모습으로 여기저기에 끼어들기에 마당발이라고 부르는 것이다.

다이아몬드는 지구 깊숙한 곳에서 높은 온도와 압력으로 생성된 물질이다. 다이아몬드가 생성되기 위해서는 1,000℃가 넘는 온도와 대기 압력의 5만~6만 배 정도의 압력이 있어야 한다. 그처럼 높은 온도와 압

력에서 일반 탄소 화합물들과는 분자
구조가 다르게 형성된다.

1770년대 근대 화학의 아버지인 프
랑스의 과학자 라부아지에(1743~1794)
는 다이아몬드가 우리 주위에서 얼마든
지 찾을 수 있는 탄소 결정체임을 입증
했다. 그러자 흑연 같은 물질로 다이아
몬드를 만들 수 있지 않을까 하는 연구
가 줄을 이었다. 그 과정에서 아주 높은
온도와 압력 하에서만 가능하다는 것을
알아냈다.

그 후 많은 과학자들이 다이아몬드
합성을 시도하다가 사고를 당하고 목숨

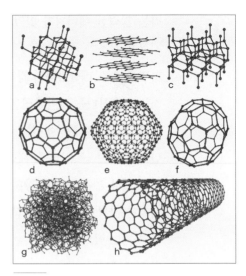

그림 2-6 다양한 탄소 동소체의 구조. a가 다이아몬드, b가 흑
연, c는 흑연이 높은 열과 압력을 받아 다이아몬드와 비슷한 구조
가 된 론스달라이트. h는 탄소 나노튜브

을 잃기도 했다. 높은 온도와 압력 때문이었다.

최초로 다이아몬드 개발에 성공한 것은 1955년 미국의 제너럴 일렉
트릭(GE)사 연구소였다. 탄소 원소에 7.5만 기압의 압력과 1,700℃ 이
상의 온도를 가해 다이아몬드를 합성했다. 그러나 품질이 천연 다이아
몬드에 비해 많이 떨어지고 제조 비용도 훨씬 더 많이 들었다.

1990년대에 인조 다이아몬드가 비용뿐 아니라 품질까지 좋아지면서
이제는 전문가가 아니고서는 천연과 인공을 구분하지 못할 정도의 수
준이 되었다고 한다. 사랑의 정표로 건네주는 다이아몬드도 인조시대로
접어드는 게 아닐까 하는 생각이다.

탄소는 억울하다. 18세기 산업혁명의 주역은 바로 탄소였다. 석탄이

라는 강력한 에너지가 있었기에 산업혁명이 가능했던 것이다. 그런데 지금은 탄소가 환경오염의 주범이라 하여 냉대를 받고 있다. 이제는 국가별로 탄소 배출량까지 정해서 규제를 하고 있을 정도가 되었으니 탄소는 억울하다는 것이다.

그러나 소재 분야에서는 여전히 총아로 군림하고 있는 것이 탄소다. 탄소 소재는 금속, 화학, 세라믹 등의 소재와 비슷한 특성들을 두루 갖추고 있다. 탄소 소재와 강철을 비교해 보자. 무게는 강철의 1/5밖에 안 되지만 강철보다 10배나 강하고 탄력성도 좋다. 화학적으로도 안정성을 가지고 있으며 전기도 잘 통하기 때문에 무한한 가능성을 가진 것이 탄소 소재이다.

일상생활에서 보이는 탄소 소재를 보자. 테니스 라켓, 골프채, 활, 낚싯대 등이 모두 탄소 소재로 만들어진다. 앞으로는 자동차, 조선, 항공, 우주 산업 분야에서도 기존의 금속을 대체할 소재가 바로 탄소 소재다.

질량보존의 법칙과
일정성분비의 법칙

고대 사람들은 세상 만물을 이루는 몇 가지 기본적인 원소가 있다고
믿었다. 최초의 과학자 탈레스는 만물은 물로 만들어졌다고 믿었으며
아리스토텔레스는 물, 불, 흙, 공기의 4가지 원소로 이루어져 있다고 믿
었다.

중세에 이르러서는 아리스토텔레스의 4원소론에 근거하여 수은, 황,
소금을 적당한 조건에서 반응시키면 새로운 물질을 만들 수 있을 거라
고 생각했다. 그것이 연금술이었다.

근세에 이르러 본격적인 물질관이 형성되기 시작했다. 화학자 보일
은 아리스토텔레스의 4원소론을 부인하고 원소의 개념을 새롭게 정의
했다. 그는 원소를 '어떤 방법으로도 더 이상 분해할 수 없는 물질'로 규
정했다.

프랑스 과학자 라부아지에는 보일의 개념을 수용하여 물을 수소와

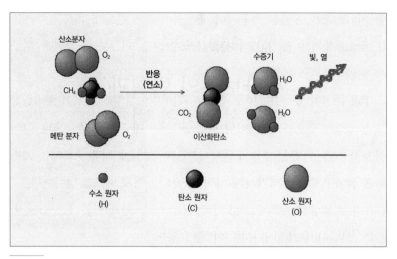

그림 2-7 질량보존의 법칙. 메탄이 산소와 결합하여(연소) 이산화탄소와 물로 변하는 화학 반응에서 원자들은 파괴되지 않고 단지 결합 구조가 바뀔 뿐이다. 즉, 질량에는 변함이 없다.

산소로 나누어 물이 원소가 아님을 증명하면서 질량보존의 법칙을 확립했다. 화학의 '질량보존의 법칙'은 물리학의 '에너지 보존의 법칙'에 해당된다.

에너지 보존의 법칙에 따르면 에너지는 형태가 변할 뿐 에너지 자체는 사라지거나 생성되지 않는다. 높은 곳에 있는 물체는 위치 에너지를 갖는다. 따라서 이것을 떨어뜨리면 운동 에너지로 변하면서 땅으로 떨어진다. 마침내 바위에 떨어져 충격을 받는다면 운동 에너지는 사라지는 대신 빛 에너지와 열 에너지로 바뀌게 된다는 것이 에너지 보존의 법칙이다.

이에 비해 질량보존의 법칙은 화학적 변화 과정을 거치기 전과 후의 질량은 같다는 내용이다. 수소와 산소가 화학 반응을 일으켜 물로 변한다면 물로 변하기 전의 수소와 산소의 무게는 물의 무게와 같다는 이야기다. 즉, 화학 변화라는 것은 분자들의 결합 방식만 바뀌는 것일 뿐 새로 분자가 생성되거나 사라지지 않는다는 말이다.

물 100g에 소금 10g을 섞으면 110g의 소금물이 되는 것이 질량보존의 법칙이다. 철에 녹이 스는 것은 철과 산소가 결합하여 산화철로 변했기 때문인데, 이때 철과 산소를 합친 무게는 산화철의 무게와 같다는 것도 질량보존의 법칙이다. 탄산칼슘과 염산을 반응시키면 염화칼슘과 물과 이산화탄소로 분해된다. 이때 탄산칼슘과 염산을 합친 무게는 염화칼슘과 물과 이산화탄소를 합친 무게와 같다는 것도 역시 질량보존의 법칙이다.

이제 실험을 해보자. 묽은 염산에 탄산칼슘 성분이 많은 달걀껍질을 넣으면 실험을 할 수 있다. 고무풍선과 저울도 준비하자.

실험기구를 풍선으로 씌운 다음, 묽은 염산에 달걀껍질을 담그면 염화칼슘과 물과 탄산가스가 생성된다. 탄산가스가 날아가지 않도록 실험기구에 풍선을 씌우는 것이다. 그런 다음 실험 전후 물질들의 무게를 더해서 비교해 보면 된다.

질량보존의 법칙이 성립하는 이유는 화학 반응을 전후하여 물질을 구성하는 원자의 종류, 수는 변하지 않고 단순히 원자의 배열만 변하기 때문이다.

이번에는 일정성분비의 법칙을 보자. 일정성분비의 법칙은 두 물질이 반응하여 화합물을 만들 때, 그 화합물을 구성하는 성분 물질들의 질량 사이에는 항상 일정한 비율이 성립된다는 내용으로, 1799년에 프랑스의 과학자 프루스트(1754~1826)가 주창한 법칙이다.

수소 분자 2개와 산소 분자 1개가 화학 반응을 일으키면 수증기 분자 2개가 생성된다. 수소의 분자 값은 2, 수소 2개의 분자 값은 4가 되고 산소 1개의 분자 값은 32이다. 이것이 물로 변하면 수증기의 분자 값은 36이 된다. 곧 수소와 산소의 질량비는 4:32, 이를 약분하면 1:8이 된다는 것이다.

참고로 질량과 부피는 다르다. 수소는 산소보다 질량이 가볍지만 분자 하나의 부피는 산소 부피와 동일하다. 그리고 수소 2개와 산소 1개가 화학반응을 일으켜 수증기가 되면 수증기 분자는 '3개'가 아니라 '2개'가 생성된다. 산소 하나가 수소 2개씩을 껴안기 때문이다. 아주 혼동하기 쉬운 개념이므로 잘 익혀두기 바란다.

20세기로 접어들어 아인슈타인의 상대성 이론이 나오자 에너지 보존의 법칙이나 질량보존의 법칙이 흔들리게 되었다. 특수 상대성 이론에 따르면 질량과 에너지는 서로 변환될 수 있음이 밝혀진 것이다.

어떤 물체를 빛의 속도에 가깝게 가속시키면 어느 시점에서는 속도가 더 이상 증가하지 않지만 가해진 에너지는 물체의 질량 증가로 나타난다는 것이다. 반대로 질량을 파괴할 경우에는 $E=mc^2$ 만큼의 에너지로 바뀐다는 것이 아인슈타인의 상대성 이론이며, 이것이 핵무기의 이론적 근거가 되었다.

그렇게 해서 수정된 이론이 질량-에너지 보존의 법칙이다. 물질의 변환 과정에서 일어난 질량 변화와 에너지 변화를 모두 합치면 그 총합은 변하지 않는다는 이론으로 확장된 것이다.

공기의 부피는 변할까?

　공기에 관한 중요한 법칙으로 보일의 법칙과 샤를의 법칙이 있다. 풍선을 공중으로 날리면 어떻게 될까? 높이 올라갈수록 풍선이 점점 더 팽팽해지다가 마침내 터지고 만다. 그 이유는 무엇일까? 위로 올라갈수록 외부 공기의 압력이 낮아져 내부의 공기가 점점 더 부풀어 오르기 때문이다.

　공기의 압력은 얼마나 될까? 일상생활에서 공기의 무게를 거의 느끼지 못하지만 우리가 땅 위에서 받는 공기의 압력은 1㎠당 약 1.25kg으로 상당히 높은 편이다. 신체가 적응해서 느끼지 못할 뿐이다.

　외부 압력이 높아지면 공기의 부피는 줄어들고 압력이 낮아지면 공기의 부피는 늘어난다. 즉 공기를 누르는 힘이 2배가 되면 공기의 부피는 절반으로 줄고, 공기를 누르는 힘이 절반으로 줄면 부피는 2배가 된다. 이처럼 공기의 압력과 부피는 반비례 관계에 있다. 이것이 보일의 법칙이다.

　이번에는 열기구를 보자. 열기구는 1783년 11월 프랑스인 몽골피에 형제가 개발한 하늘을 나는 장치이다. 열기구는 튼튼한 천으로 커다란 풍선을 만든 다음 풍선 아래쪽에 사람이 탈 수 있는 상자를 매달고 여기서 버너로 불을 피워 열기구 속으로 따뜻한 공기를 불어넣어 하늘을 나는 장치이다.

　아래쪽에서 뜨거운 공기를 보내면 공기의 부피가 커지면서 밀도가 낮아져 공중으로 뜨게 된다. 불을 피워서 공중으로 뜬다고 하여 열기구라는 이름이 붙었다. 이것이 바로 샤를의 법칙을 이용한 장치이다.

　보일의 법칙이 압력과 부피의 관계를 다루었다면 프랑스 과학자 샤를이 발견한 법칙은 온도와 부피의 관계이다. 압력이 일정할 경우 온도가 높아지면 공기의 부피도 점점 늘어난다.

　샤를의 법칙에 따르면 온도가 1도 올라갈 때마다 공기의 부피는 1/273씩 늘어난다. 따라서 어떤 기체든 온도를 현재보다 273도 올리면 부피는 2배로 늘어남을 알 수 있다. 쭈그러진 탁구공을 따뜻한 물속에 넣으면 팽팽해지는 것과 같은 이치이다.

그림 2-8　몽골피에(왼쪽)와 샤를(오른쪽)의 열기구. 몽골피에 형제의 열기구는 공기를 이용한 것으로 1783년 11월에 최초로 인간을 태운 비행에 성공했다. 반면 샤를의 열기구는 수소를 이용한 것으로 몽골피에 형제보다 한발 늦은 1983년 12월에 비행에 성공했다.

불, 연소란 무엇인가?

고대 이래로 불은 사람들에게 가장 신비스러운 존재였다. 인간이 인간으로서 삶을 살 수 있었던 것도 불 덕택이었다. 불을 가짐으로써 맹수를 물리칠 수 있었고 추위를 이기고 음식을 익혀 먹을 수 있었으며, 금속을 녹여 도구를 만들 수 있었던 것이다.

그리스 철학자 플라톤과 아리스토텔레스는 불을 하늘이 인간에게 내린 선물 정도로 생각했던 것 같다. 그들은 불이 위로 솟아오르는 것은 원래 있던 곳으로 가기 위함이라고 보았다. 마찬가지로 돌이 아래로 떨어지는 것은 원래 속해 있던 땅에 가까이 가기 위함이라고 본 것이다.

나아가 아리스토텔레스는 불을 세상을 구성하는 4가지 원소 중 으뜸으로 보았다. 그에 따르면 이 세상 모든 물질은 물, 불, 공기, 흙으로 구성되어 있다. 이것을 4원소론이라고 부른다. 아리스토텔레스의 4원소론은 무려 18세기가 될 때까지 신봉되고 있었다.

중세에 널리 유행했던 연금술도 아리스토텔레스의 4원소론에 근거를 두고 있었다. 만물이 물, 불, 공기, 흙으로 만들어진 것이라면 이들을 잘 섞으면 귀한 금도 만들 수 있지 않을까 하는 생각이었다.

불이란 무엇인가? 물질은 왜 불에 타는가? 이 현상을 설명하기 위해 근세 초기에 독일 화학자 슈탈(1660~1734)은 1703년에 '플로지스톤' 개념을 제안했다. 플로지스톤이라는 불을 일으키는 어떤 물질이 물질 속에 숨어 있다가 물질에서 빠져나가는 현상을 불이라고 본 것이다. 나무를 태우면 재가 남는다. 남은 재의 무게는 원래의 나무보다 가볍다. 플로지스톤이 빠져나갔기 때문이라고 생각한 것이었다. 이런 생각은 오랫동안 과학자들의 생각을 사로잡고 있었다.

많은 시간이 흐른 후 프랑스의 화학자 라부아지에라는 사람이 나타났다. 그는 모든 것을 실험으로 확인해야만 만족하는 과학자였다. 그는 우선 당시에 사람들이 믿고 있던 아리스토텔레스의 4원소론에 의심을 품었다.

당시 사람들은 모든 물질은 물, 불, 공기, 흙의 4가지 원소로 이루어졌기 때문에 물을 끓이고 또 끓이면 결국 흙이 남는다고 믿었다. 물을 끓였을 때 바닥에 남는 침전물을 흙이라고 생각한 것이다. 1768년, 25세 풋내기였던 라부아지에는 유리 용기에 물을 넣고 100일 동안 가열하는 실험에 착수했다. 그는 실험 전후 유리 용기의 무게를 측정하고 가열 후 바닥에 남은 침전물의 무게를 측정하여 바닥에 남은 것은 흙이 아니라 유리가 녹은 것임을 밝혀냈다. 이것으로 아리스토텔레스의 4원소론은 막을 내렸다. 이런 방식의 실험을 화학에서는 '정량분석'이라고 부른다. 말하자면 라부아지에는 정량분석의 기틀을 확립한 과학자였다.

1772년이 되자 라부아지에는 플로지스톤 이론에
도전했다. 그는 볼록렌즈를 가지고 납을 태우는 실험
에 착수했다. 플로지스톤 이론에 따르면 어떤 물질이
든 태우고 나면 무게가 가벼워져야 한다. 그러나 그의
실험에서는 불에 탄 납의 무게가 더 무거웠다. 이것으
로 플로지스톤 이론은 흔들리기 시작했으며, 산소의
존재가 확인되자 막을 내리게 되었다.

그림 2-9 라부아지에

산소의 발견은 스웨덴의 약사였던 셸레, 영국의 목
사 프리스틀리, 프랑스의 화학자 라부아지에 세 사람
의 공로였다. 가장 먼저 산소의 존재를 확인한 사람은
셸레였으나 발표가 늦어지는 바람에 프리스틀리와 라부아지에가 공을
차지했다.

1774년, 목사였던 프리스틀리는 선물로 받은 커다란 볼록렌즈를 가
지고 이것저것 물질을 태우는 실험을 했다. 실험이라기보다는 호기심이
었을 것이다. 산화수은이라는 붉은색 가루를 태울 때였다. 렌즈로 햇빛
을 모으자 붉은 기운이 사라지면서 은백색 물방울로 변했다. 그게 바로
수은이었다.

그는 날아가 버린 기체의 정체는 무엇인지 궁금했다. 다시 그 기체를
유리관 속에 모아 촛불을 넣어 봤더니 맹렬한 불꽃을 내면서 타올랐다.
그 기체가 바로 산소였던 것이다.

그 후 프랑스를 여행하던 프리스틀리는 라부아지에라는 프랑스 과학
자를 만나 자신의 연구 결과를 들려주었다. 라부아지에는 흥분했다. 바
로 자신이 플로지스톤에 관해 연구를 하고 있던 중이었기 때문이다.

그는 실험과 연구를 통해 그 기체의 성질을 밝혔으며, 그 기체에 '산소'라는 이름도 붙였다. 결국 라부아지에는 산소를 가장 먼저 발견하지는 않았지만, 산소의 성질을 규명하고 이것을 연소 이론으로 정리한 사람이었다.

그는 황과 인이 탈 때 공기를 흡수하여 무게가 증가하고, 산화납을 숯과 같이 가열하여 생긴 금속성 납은 공기를 잃어 버려서 원래의 산화납보다 무게가 감소한다는 사실을 과학 아카데미에 보고했다. 이것이 질량보존의 법칙의 근거가 되었다. 그를 근대 화학의 아버지라고 부르는 것도 이런 공로 때문이었다.

라부아지에는 정치에도 관여하여 다방면에서 많은 활동을 했다. 그러던 중에 마침 프랑스 혁명이 터졌고, 그를 음해하려는 사람들의 고발로 혁명 재판에 회부되어 사형을 선고받고 단두대에서 생을 마쳤다.

수학자 라그랑주는 '그의 목을 자르는 건 순간이었지만, 그와 같은 인물을 만들려면 100년도 더 걸릴 것'이라며 애통해 했다. 처형 후 1년 반 만에 프랑스 정부는 라부아지에에게 다시 무죄를 선언하고 압수한 재산은 그의 아내에게 돌려주었다.

전기란 무엇인가?

처음 전기를 배울 때 나오는 용어들은 아주 혼란스럽다. 눈으로 볼 수도 없고 만질 수도 없기 때문이다. 전기는 흔히 물에 비유된다. 물은 높은 곳에서 낮은 곳으로 흐른다. 낙폭이 큰 폭포에서는 물의 흐름이 빠르고 높낮이의 차이가 완만한 강에서는 흐름이 느려진다. 전기도 이와 비슷해다. 전기가 흐르는 속도나 힘을 '전압', 그 흐름 혹은 단위 시간당 흐르는 양을 '전류'라고 부른다. 그리고 일정 시간 동안 흐른 전기의 양을 '전력'이라고 보면 이해가 될 것이다.

그럼 전기는 무엇인가? 전기를 알기 전에 '전하'라는 개념을 먼저 알 필요가 있다. 빛이나 열 등 전기적인 현상을 일으키는 기본 단위를 '전하'라고 부른다. 양(+) 전하와 음(-) 전하가 만나서 빛이나 열 등을 일으키는 현상을 전기인 것이다.

양자는 양(+)의 전하를 띠고 전자는 음(-)의 전하를 띤다. 원자 안에

그림 2-10 번개 맞는 에펠탑

서 +, − 두 전하는 균형을 이루고 있다. 이때 물체에 외부 에너지가 가해지거나 충격을 주면 바깥쪽에 있던 전자가 튀어나가면서 전하의 균형이 깨진다. 곧 전자를 잃어버리면 원자는 양(+)의 전하를 띠게 된다.

유리 막대를 비단 천에 문지르면 유리 막대에 있던 전자의 일부가 튀어나가면서 유리 막대는 양(+)의 전하를 띠게 된다는 의미이다. 양의 전하를 띤 유리 막대는 전하의 균형을 이루기 위해 주위의 다른 물체로부터 전자를 빼앗으려는 성질을 띠게 된다. 그래서 주위에 있는 먼지나 작은 종잇조각 같은 물질들을 끌어들인다. 이것이 곧 전기적인 현상이다.

양(+) 전하와 음(−) 전하는 서로 끌어당기며 같은 전하끼리는 밀어내는 성질이 있다. 천둥, 번개가 치는 것은 구름 속에 있던 양(+) 전하와 음(−) 전하가 서로 끌어당기면서 일으키는 빛과 열과 소리이다. 이것이 전기이다. 곧 전기란 양(+)의 전하와 음(−)의 전하가 만나서 다른 형태의 에너지로 변하는 현상을 가리키는 말이다.

전하는 스스로 움직이지 못한다. 마치 자석의 끌어당기는 힘이 스스로 움직이지 못하는 것과 같다. 그러나 자석을 움직이면 끌어당기는 힘도 함께 움직인다. 이때 양(+) 전하와 음(−) 전하를 띤 물체 사이에 움직일 수 있는 통로를 만들어 주면 전자가 움직이면서 전하도 함께 움직인다. 이처럼 전하가 흘러가는 현상을 '전류'라고 한다.

전류가 흐르는 힘을 '전압'이라고 하며 볼트(V)라는 단위를 쓴다. 그리고 단위 시간당 전하가 흐르는 양을 '전류'라고 하며 암페어(A)라는 단위를 쓴다. 일정 시간 동안 흐른 전하의 총량은 '전력'이 되며 와트(W)라는 단위를 쓴다. 그래서 전류가 흐르는 힘인 '전압'에 흐르는 전하의 크기인 '전류'를 곱하면 '전력'이 되는 것이다.

전지는 화학 에너지를 전기 에너지로 바꾸는 장치이다. 1799년에 이탈리아의 과학자 알렉산드로 볼타(1745~1827)가 발명했기 때문에 '볼타 전지'라고도 부른다. 볼타가 처음 만든 전지는 은판과 아연판을 이용한 전지였다. 은판과 아연판 사이에 소금물을 적신 판자를 여러 겹 끼워 놓고서 은판과 아연판을 연결하여 전기가 흐르게 하는 장치였다. 지금의 배터리가 볼타 전지이다. 배터리는 묽은 황산에다 구리판(+)과 아연판(-)을 세워서 연결하는 방식으로 만들고 있다.

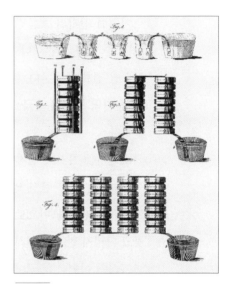

그림 2-11 1800년에 볼타가 묘사한 전지의 모습

전지의 원리는 산화와 환원이다. 산화란 어떤 물질이 전자를 잃는 것을 말하며, 환원이란 어떤 물질이 전자를 얻는 것을 말한다. 산화되기 쉬운 물질과 환원되기 쉬운 물질을 함께 두고 물이나 소금물, 음료수 등 전자가 이동할 수 있는 환경을 만들어 주면 한 물질의 전자가 다른 물질로 옮겨가게 된다. 이 전자의 흐름이 전류인 것이다.

이때 전자를 내면서 스스로 산화되는 물질이 음극이며 전자를 얻어 스스로 환원되는 물질이 양극이 된다. 이 두 극을 이으면 전류가 흐른다. 따라서 전류를 흐르게 하기 위해서는 아연과 구리처럼 전자를 잃기 쉬운 물질과 전자를 얻기 쉬운 물질 두 가지를 연결해야 한다. 아연에서 튀어나온 전자는 구리 쪽으로 흘러간다. 이때 아연은 음극이 되고 구리는 양극이 된다.

이처럼 전자의 흐름만 만들 수 있다면 과일이나 진흙으로도 전지를 만들 수 있다. 진흙이나 과일에 전자 민감도가 다른 두 종류의 금속을 꽂으면 전류가 흐른다. 이때 양극으로 사용할 수 있는 금속은 구리, 열쇠, 숟가락 등이며 음극으로 사용할 수 있는 금속은 철, 알루미늄, 아연 등이다.

오렌지를 가지고 전지를 만들어 꼬마전구에 불을 켜 보자. 오렌지는 촉촉하게 물기를 품고 있어 전자가 이동할 수 있는 통로가 된다. 먼저 커다란 오렌지를 반으로 자른다. 반쪽 오렌지 A에 구리판과 아연판을 꽂고 나머지 반쪽 오렌지 B에도 구리판과 아연판을 꽂는다.

그러면 아연은 음극이 되고 구리는 양극이 된다. A의 구리판과 B의 아연판을 집게 전선으로 연결한 다음, A의 아연판과 B의 구리판을 연결하는 선 중간에 꼬마전구를 달면 불이 들어온다. 과일 전지의 원리이다.

꼭 오렌지가 아니어도 전자가 이동할 수 있는 것이면 무엇이나 무방하다. 사과, 배, 파인애플, 레몬 등도 가능하고 여름철이라면 수박도 좋은 실험 재료가 된다.

전구가 아니어도 아연과 구리의 양끝에 디지털 시계나 MP3 같은 것에 연결해도 시계나 기기가 작동한다.

전등의 발명

세상의 밤을 밝히는 전구는 토마스 에디슨의 발명품으로 알려져 있다. 그러나 엄밀한 의미에서는 영국의 조셉 스완이라는 사람이 최초의 발명자였다. 스완은 전구에 불을 밝히는 데에는 성공했으나 필라멘트의 수명이 너무 짧아서 상용화에 실패하는 바람에 좀 더 긴 수명의 전구를 발명한 에디슨에게 발명의 공이 넘어간 것이다.

1878년부터 에디슨은 전구의 필라멘트 개발에 몰두했다. 필라멘트는 전기가 잘 통하지 않는 물체여야 한다. 그렇다고 완전 부도체여서도 안 된다. 구리선을 타고 흐르던 전류가 전기가 잘 통하지 않는 도체를 만나면 열을 내고, 그 열로 인해 빛이 난다는 이치였다.

백열등의 문제는 50년 이상 많은 발명가들을 절망시켰다. 필라멘트 연구에는 거의 모든 금속류와 종이, 나무 등이 시험 대상에 올랐다. 1879년 10월, 에디슨과 그의 연구진은 백금 필라멘트가 든 진공 전구를 사용해서 훌륭한 성과를 얻었으나 백금의 가격이 비쌌기 때문에 실용화가 힘들었다. 에디슨은 좀 더 완벽한 진공상태를 만들면 백금 대신

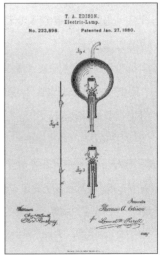

그림 2-12 전구를 들고 있는 에디슨(1918년)과 그가 받은 전구 특허장

탄소 필라멘트를 사용할 수 있을 거라는 생각을 갖게 되었다. 진공을 좀 더 강화하고 다른 소재들을 실험했다. 무명실도 그중 하나였으나 너무 빨리 타고 말았다. 마지막으로 시도한 것이 대나무였다. 대나무를 가늘게 쪼개서 태운 다음 그것을 필라멘트로 사용하려는 것이었다. 에디슨은 질 좋은 대나무를 구하기 위해 곳곳의 대나무 산지를 돌아다녔다. 그러다가 찾아낸 것이 일본산 대나무였다. 마침내 대나무 필라멘트에 불이 들어왔다. 지금은 아르곤 가스를 전구 안에 채우고 텅스텐으로 만든 필라멘트를 사용하고 있다.

에디슨이 전구에 불을 밝힌 것이 1879년, 특허를 출원한 것이 1880년이었다. 독일의 역사학자 에밀 루드비히(Ludwig)는 백열전구를 "프로메테우스 이후 인류가 발견한 두 번째 불"이라고 말했다.

그렇게 세상에 나온 전구도 안녕을 고할 날이 왔다. 전구가 탄생한 지 133년 만이다. 백열전구의 가장 큰 문제점은 전력의 효율성이다. 백열등은 전력의 5%만을 빛으로 사용할 수 있을 뿐 나머지는 열로 증발해 버린다.

유럽연합, 미국, 호주, 중국, 일본 등 전 세계 주요 국가들이 조명용 에너지를 절약하기 위해 백열전구를 퇴출하기로 했기 때문이다. 2007년을 기점으로 뉴질랜드, 유럽연합, 미국의 일부 주 등에서는 백열전구의 사용이 금지되었다. 우리나라도 물론 여기에 속한다.

우리나라에 전깃불이 들어온 것은 1887년 3월 6일 경복궁 내 건청궁 뜰 앞이었다. 당시에 전구는 극소수 사람들만 쓸 수 있는 고급 사치품이었다. 해방되던 해 전구 하나의 가격은 37원으로 방직공장 여종업원의 월급(20원)보다 비쌌다. 그런 전구가 LED에게 자리를 내주고 물러날 처지가 된 것이다.

백열등과 LED는 우선 수명에서부터 비교가 안 된다. 백열등의 사용 시간은 1,000시간이 한계지만 LED는 약 5만 시간이다. 거의 반영구적이다. 또 LED의 소비 전력은 백열등의 20% 수준이어서 역시 비교가 되지 않는다. 백열등이 납이나 수은과 같은 환경 오염 물질을 배출하는 데 비해 LED는 오염 물질도 배출하지 않는다.

방사성 원소의 정체

방사성 원소란 방사선을 내뿜는 원소를 가리키는 말이다. 방사성 원소는 우라늄이 대표적이지만 그 외에도 10여 가지나 된다. 이들은 원자량이 아주 큰 원소들로 자연 상태에서 방사선을 내뿜으면서 스스로 붕괴되어 마지막 단계에서는 납으로 변한다.

방사성 물질들은 왜 스스로 붕괴할까? 우라늄처럼 원자가 큰 원소들은 구조가 매우 불안하여 좀 더 안정된 구조를 갖추기 위해 스스로 붕괴하는 것이다. 자연 상태에서의 방사성 물질은 아주 천천히 붕괴하면서 무게가 줄어든다. 방사성 물질의 무게가 절반으로 줄어드는 기간을 반감기라고 부른다.

반감기는 원소에 따라 차이가 많이 난다. 요오드 같은 원소는 8일이면 질량이 반으로 줄어들지만 수십억 년 걸리는 원소들도 있다. 우라늄이 45억 년, 토륨이 140억 년 걸린다.

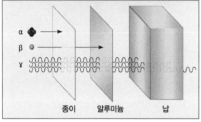

그림 2-13 고농축 우라늄(위)과 방사선의 상대적 투과력. 알파선(α)은 종이 한 장도 통과 못하는 반면, 베타선(β)은 알루미늄 판으로 막을 수 있고, 감마선(γ)은 두꺼운 납판이라야 막을 수 있다.

방사성 원소의 대표격인 우라늄이 발견된 것은 1798년이었다. 그것이 원자폭탄으로 개발될 때까지 걸린 시간은 대략 150년이 된다. 우라늄은 금이나 은보다 더 많은 양이 지표면에 흩어져 있다. 다만 우라늄을 많이 함유하고 있는 광석이 없기 때문에 채집하는 것이 어렵다.

앞서 보았듯이 방사성 원소는 공기 중에 눈에 보이지 않는 방사선을 내뿜는다. 알파선, 베타선, 감마선이다. 이것을 내뿜으면서 서서히 붕괴한다. 자연 상태에서 이들이 내뿜는 방사선은 전혀 해롭지 않다. 그러나 방사성 물질을 한꺼번에 붕괴시키면 엄청난 열과 에너지를 방출하는 원자폭탄이 된다.

방사성 물질이 무서운 에너지로 변할 수 있다는 것은 아인슈타인의 상대성 이론에서 밝혀졌다. 상대성 이론에 따르면 하나의 물질이 파괴되면 $E=mc^2$만큼의 에너지가 방출된다. 여기서 E는 방출되는 에너지, m은 파괴되는 물질의 질량, c는 빛의 속도인 30만km/sec이다. 즉, 빛의 속도의 제곱에 질량을 곱한 만큼의 에너지가 나온다. 이것이 원자폭탄이다.

이번에는 원자력 발전의 원리를 알아보자. 우라늄을 한꺼번에 붕괴시키면 많은 양의 방사선과 1억 도가 넘는 열을 방출한다. 이를 단숨에 폭발시키는 것이 핵폭탄이라면 반응 속도를 늦춰 수십 년에 걸쳐 서서히 분열이 일어나도록 유도한 장치가 원자로이다.

원자로는 우라늄을 원료로 쓰지만 물과 흑연 등으로 중성자의 속도를 줄이기 때문에 수십 년에 걸쳐 서서히 붕괴하는 것이다. 원자폭탄이 맹렬하게 타오르는 장작불이라면 원자력 발전은 숯불이라고 생각하면 될 것이다.

파마의 과학적 원리

산 화 와   환 원

여성들은 언제부터 파마를 했을까?

파마의 기원은 고대 이집트의 클레오파트라 시대까지 거슬러 올라간다. 그 당시의 파마는 머리카락에 진흙을 잔뜩 바르고서 가늘고 긴 막대로 머리카락을 감아올린 다음에 햇볕에 말리는 방식이었다. 고대 그리스에서는 곡선미의 아름다움을 강조하기 위해 머릿결을 땋았다 푸는 방법으로 웨이브를 만들었다.

근대에 들어 프랑스인 마르셀이 달군 쇠막대기로 웨이브를 내어 현대 파마의 창시자가 됐으며, 영국의 미용사 네슬레는 여기서 한 발 더 나아가 쇠막대기로 머리카락을 말아 알칼리 수용액을 적신 뒤 가열하는 방법으로 파마를 고안했다. 우리 옛 할머니들이 머리카락에 인두질을 하던 것과 흡사한 방식이었다.

현대적인 방식 파마는 1930년대에 화학의 원리를 이용한 환원제와 산화제가 등장하면서 실용화 단계에 접어들었다. 산화-환원의 개념부터 알아보기로 하자.

처음에는 어떤 물질이 산소와 결합하는 것을 산화, 산소가 떨어져 나가는 것을 환원이라 했다. 탄소(C)를 태우면 탄산가스(CO_2)로 변하는데, 이것이 산화 현상이다. 공기 중에서 철에 녹이 스는 것도 산화 현상이다.

그림 2-14 17세기 중엽의 파마머리

그러다가 과학자들이 산과 염기를 연구하면서 산소가 들어 있지 않은 물질로 관심을 돌렸다. 여기서 산화의 개념이 확장되어 수소를 잃으면 산화, 수소를 얻으면 환원으로 보게 되었다.

마지막으로 원자와 전자, 이온 등을 연구하는 중에 전자로까지 개념을 확대하여 전자를 잃으면 산화, 전자를 얻으면 환원으로 보게 되었다. 그리하여 이제는 산소를 얻거나 수소, 전자를 잃으면 산화, 산소를 잃거나 수소, 전자를 얻으면 환원으로 넓어지게 되었다.

우리가 일상생활에서 사용하는 건전지도 산화, 환원의 원리를 이용한 것이다. 건전지 발명에는 재미있는 이야기가 숨어 있다. 바로 개구리 뒷다리 이야기다.

1780년 이탈리아의 동물학자 갈바니(1737~1798)는 재미있는 실험을 하게 되었다. 서로 다른 두 종류의 금속을 연결해서 죽은 개구리의 뒷발에 접촉시키자 죽은 개구리의 발이 살아있는 것처럼 움찔거리는 것이었다. 갈바니는 몇 번의 실험 끝에 그것이 전기적인 현상 때문이라고 짐

Echte Nestle Lanoil-Dauerwellen

pflegen das Haar, sind garantiert
haltbar im Regen und beim Waschen
Ärztlich begutachtet!   Hier zu haben!

그림 2-15 네슬레의 파마용 기계 광고
(20세기 초)

작했으며, 전기란 개구리의 신경 속에 숨어 있는 것이
라고 생각하여 그것에 '동물전기'라는 이름을 붙였다.
그러자 소문이 퍼지면서 많은 사람들이 재미삼아 실험
을 하는 바람에 많은 개구리들이 죽었다.

이때 갈바니와 같은 이탈리아 출신의 물리학자 볼타
는 한 가지 의문을 품게 되었다. 같은 실험을 하면서 한
종류의 금속 두 개로는 어떤 경우에도 그런 반응이 나
타나지 않더라는 것이었다. 마침내 볼타는 전기의 근
원이 개구리에 있는 것이 아니라 종류가 다른 두 금속
을 접촉하여 일어난다는 사실을 발견했다. 그리하여
서로 다른 두 금속 사이에 소금물이나 알칼리 용액을 적신 천 조각을
여러 겹 쌓은 건전지의 원시 모델을 만들었다.

전지가 본격적으로 사용되기 시작한 것은 영국의 화학자 다니엘이
볼타 전지를 모델로 하여 만든 다니엘 전지가 나오면서부터였다. 볼타
전지는 묽은 황산에 아연과 구리판을 같이 넣어 만든 것이었다. 볼타전
지에서의 구리의 역할은 그냥 전류를 통하게 해주는 역할만 한다. 그러
나 다니엘전지는 염다리를 중간에 연결하여 직접 전자를 주고받지 못
하도록 이온을 분리시켜 만든 전지였다.

두 전지의 공통점은 산화-환원 반응을 사용한다는 것이다. 아연과 구
리 두 전극 사이를 외부에서 전선으로 연결하면 아연에서 구리 쪽으로
전자가 이동하면서 전기 현상이 나타나는 것이다. 이때 아연 전극은 전
자를 잃으면서 산화 반응이 나타나고 구리 전극에서는 전자를 얻으면
서 환원 반응이 일어나는 것이다.

산화와 환원은 홀로 일어나지 않고 함께 일어난다. 어떤 물질이 다른 물질로부터 산소를 빼앗아 산화가 되면 산소를 빼앗긴 물질은 환원이 된다. 산화가 되면 산소가 증가하고 환원이 되면 수소가 증가한다.

다른 물질의 산화를 도와주는 것을 '산화제'라고, 다른 물질의 환원을 도와주는 것을 '환원제'라고 부른다. 산화제는 자신의 산소를 다른 물질에 떼어 주는 것이므로 산화제 스스로는 환원이 되고, 반대로 환원제 스스로는 산화가 된다. 아주 혼동하기 쉬운 개념이므로 잘 기억하기 바란다.

미장원에서 사용하는 파마 약은 일종의 환원제이다. 환원제는 산소가 부족하여 다른 물질로부터 산소를 빼앗으려는 성질이 아주 강하다. 이 약을 머리에 바르면 머리카락의 단백질 성분으로부터 산소를 빼앗는다. 이때 산소를 빼앗긴 머리카락은 수소만 남게 되어 분자 구조가 풀어지면서 형태를 잃게 된다. 그때 원하는 모양의 머리를 만드는 것이다. 파마 약이 검게 변하는 것은 스스로 산화되기 때문이다. 산화란 불탄다는 것과 같은 말이다.

머리 형태가 굳어지면 중화제라고도 불리는 산화제를 바른다. 그러면 머리카락의 단백질은 산화제로부터 산소를 얻게 되어 원래의 고리를 되찾아 파마 상태를 유지할 수 있게 되는 것이다. 이것이 파마의 과학적 원리이다.

산성, 알칼리성 이야기

　영어의 첫 글자는 꼭 대문자로 써야 하지만 반대로 반드시 소문자로 써야 하는 것도 있다. pH라는 글자다. pH로 쓰고 독일식 발음으로 '페하'라고 읽는다. 이는 어떤 용액에 녹아 있는 수소 이온의 농도를 나타내는 값으로 pH7은 중성, 이보다 낮으면 산성, 이보다 높으면 알칼리성이라고 한다.

　어떤 용액에 녹아 있는 수소 이온은 아주 작은 값이기 때문에 다루기가 여간 불편하지 않다. 그래서 다루기 쉽게 '수소 이온 농도의 역수에 상용로그를 취한 값'을 pH로 정의한 것이다. 산성이나 알칼리성이냐 하는 기준인 pH7은 1기압, 25℃ 상태의 물 1리터에 포함되어 있는 수소 이온의 개수인 10몰을 가리킨다. 이 개념은 1909년에 처음 도입되어 1924년에 현재적인 정의로 확정되었다.

　특이하게도 pH가 무엇의 약자인가에 대해서는 정확히 알려진 바가

그림 2-16 덴마크 화학자 쇠렌센과 칼스버그 연구소. 쇠렌센은 이곳에서 pH 개념을 정립했다.

없다. power of Hydrogen(수소)의 약자라는 설이 있는가 하면 음의 로그 값을 가리키는 상수를 나타내기 위해 p를 소문자로 쓴다는 설 등이 있다.

우리 몸의 체액은 pH7.2~7.4 정도의 약한 알칼리 성분을 띠고 있을 때가 가장 건강한 상태이다. 그 이하가 되면 산성 체질이 되고 그 이상이면 알칼리성 체질이 되어 건강에 문제가 생긴다. 체질이 산성으로 기울면 당뇨, 고혈압, 동맥경화, 신장병, 폐결핵 등의 위험이 따르고 알칼리성으로 기울면 위궤양, 암, 천식 등의 위험이 높아진다.

그러나 다행히도 우리 몸은 pH의 균형을 유지하는 자연 치유력이 있다. 특별히 어떤 음식이 먹고 싶을 때가 바로 그러하다. 체액이 산성으로 기울면 야채가 먹고 싶고 알칼리성으로 기울면 육류가 먹고 싶은 것이다.

또 체액이 산성으로 기울면 호흡을 증가시켜 탄산가스를 배출하거나 신장에서 알칼리성인 오줌을 생성하여 오줌에 들어 있는 암모니아로 중화시키기도 한다. 또 산이 많을 때는 혈관이 확대되고 알칼리가 많을 때는 혈관이 수축되어 pH를 조절한다.

그러나 우리가 섭취하는 음식과 생활 환경 때문에 우리의 체액은 산성 쪽으로 기우는 경향이 있다. 일반적으로 단백질이 많이 든 식품은 산성이고 과일과 야채는 알칼리성으로 구분된다. 맛으로 구분하기도 하는데 신맛이 나는 것이 산성 식품이라는 것이다. 그러나 일반적인 것일 뿐 정확한 것은 아니다. 감귤은 신맛을 가지고 있지만 알칼리성 식품이다.

산성과 알칼리를 측정하는 과학적인 방법은 식품을 태워서 남은 재를 가지고 pH 농도를 측정하는 것이다. 음식을 태우고 난 후에 인, 유황, 염소 등과 같은 물질이 남으면 인산, 황산, 염산으로 변해 산성이 된다. 반대로 태우고 난 후에 칼슘(Ca), 칼륨(K), 나트륨(Na), 마그네슘(Mg) 등 미네랄이 많은 것이 알칼리성 식품이다. 일반적으로 미네랄이 많이 든 식품이 알칼리성 식품이다. 우리가 음식을 소화시키는 것도 일종의 연소이다. 아주 천천히 불태우는 과정인 것이다.

인체는 뛰어난 pH 조절 기능이 있지만 산성 식품을 지나치게 많이 섭취하면 pH 조절 기능을 상실하여 산성 체질로 변하기 쉽다. 산성 체질이 되는 주요 원인은 육식 위주의 식생활과 범람하는 패스트푸드, 가공식품들이다. 생활 습관도 산성 체질로 만드는 원인이 될 수 있다고 한다. 화내고 스트레스 받고 공해에 시달리는 생활이 산성 체질을 만드는 것이다. 반대로 매사를 즐겁고 긍정적으로 생각하면서 살아가는 것이 건강한 체질을 만든다고 한다.

체질이 산성화되면 혈액 순환이나 세포의 재생 등이 잘 안 되고 체내 노폐물의 배설이 원활치 않아 인체는 점차적으로 자연 치유력이 떨어진다. 육류를 많이 먹는 서구인들은 산성 체질이 되기가 쉽다. 서구인들이 상대적으로 질병에 약한 이유가 바로 이들의 식습관 때문이다.

몸에 좋은 알칼리성 식품으로는 신선한 시금치, 당근, 딸기와 같은 야채류, 미역과 다시마 같은 해조류가 있다. 우리의 고유 식품인 김치, 두부, 청국장, 된장국은 대단히 좋은 알칼리성 식품인 동시에 훌륭한 효소 식품이다. 우리 옛 조상들이 먹던 식단이 대부분 알칼리성 식품들이라고 보면 맞을 것이다. 다만 탄수화물이 많은 순쌀밥이나 단백질이 많이 든 음식은 산성 식품이다.

우리의 체액은 약한 알칼리성일 때 가장 바람직하지만 피부는 약한 산성일 때가 가장 건강하다. 왜냐하면 우리는 늘 공해나 외부의 오염물에 노출되어 있기 때문에 약한 산성을 띠는 것이 세균이나 외부의 자극으로부터 피부를 보호하기 좋기 때문이다.

아이들이 성장 과정에서 계란, 과자, 인스턴트 식품을 너무 많이 먹고 야채나 해조류가 부족하면 산성 체질의 허약한 아이로 자랄 가능성이 높아진다. 체격은 크지만 체력이 약한 아이가 되는 것이다. 편도선염, 감기, 발열이 자주 나는 체질이면 산성일 경우가 많다.

세상에서 가장 비싼 음료수

조개가 흘린 눈물이 조개가 된다. 조개의 살 속에 모래알이나 이물질이 박히면 조개는 아픈 고통을 덜어내기 위해 생명의 즙을 짜내어 모래알을 감싼다. 고통이 클수록, 이겨내기 위한 인내가 클수록 아름다운 진주가 탄생한다. 다른 모든 보석은 생명이 없는 광석이지만 진주만은 생명체가 만들어 낸다. 진주의 주성분은 조개껍질과 같은 석회석이다. 화학기호로 쓰면 $CaCO_3$로 석회석 분자식 그대로다.

진주에 얽힌 가장 극적인 이야기는 미의 상징이자 이집트 여왕인 클레오파트라의 이야기일 것이다. 기원전 41년, 당시 로마의 권력자 안토니우스는 이집트 여왕 클레오파트라가 자신의 정적을 도와준 것을 알고 그녀를 소아시아 지방으로 소환했다. 그러자 클레오파트라는 오히려 자신의 화려한 선상 파티에 안토니우스를 초대했다. 안토니우스의 마음을 사로잡아 자신의 권력을 굳히려는 속셈이었다.

클레오파트라는 어마어마하게 화려한 배를 바다에 띄워 놓고 안토니우스를 기다리고 있었다. 배는 자줏빛 천으로 돛을 달고 선미는 황금으로 장식했으며 노는 은으로 만들어져 있었다. 플루트와 하프가 연주되는 가운데 배는 음악에 맞추어 노를 저었으며, 클레오파트라는 황금 자수로 장식된 휘장 안에서 안토니우스를 맞이했다.

안토니우스는 눈부신 미모의 아름다운 클레오파트라에게 첫눈에 반했다. 이윽고 선상 파티가 열렸다. 황금 접시에 산해진미가 나오고 보석으로 장식된 술잔이 나왔다. 안토니우스를 압도하기로 마음먹은 클레오파트라는 파티 도중에 하녀에게 명하여 술잔에 식초를 담아오라고 명령했다.

술잔이 나오자 클레오파트라는 자신의 진주 귀걸이를 뽑아서 술잔에 넣었다. 안토니우스를 비롯한 로마의 장군들은 이 광경을 넋을 잃고 바라보고 있었다. 잠시 후 클레오파트라는 진주 귀걸이가 녹아 있는 술잔을 단숨에 마셔 버렸다. 나머

지 귀걸이를 마저 담그려는 순간 안토니오가 소리쳤다. '이제 그만하시오!'

이 사건으로 클레오파트라는 안토니우스의 마음을 완전히 사로잡았고 두 사람은 연인이 되었다. 클레오파트라는 자신의 강점을 가장 잘 활용한 전략가였던 것이다.

진주를 식초의 주성분인 아세트산에 넣으면 다음과 같은 반응이 일어난다. 진주($CaCO_3$)+식초($2CH_2COOH$)=아세트산칼슘($(CH_3COO)2Ca$)+물(H_2O)+탄산가스(CO_2). 이것은 아마도 세상에서 가장 비싼 진주 음료수였을 것이다.

화약의 탄생

    종이, 화약, 나침반을 세계 3대 발명품으로 꼽는다. 여기에 인쇄술을 넣어 4대 발명품으로 부르기도 한다. 우리나라는 세계 최초의 금속활자를 만들어 인쇄술 발달에 결정적인 기여를 했다. 병인양요 때 프랑스군대가 강화도를 침략하여 빼앗아간 '직지심체요절'이 최초의 금속활자로 인쇄한 책이다.

    화약은 처음 중국에서 불로장생의 약을 만들기 위해 여러 가지 광물질을 가지고 실험을 하던 중에 우연히 발견한 것이다. 질산칼륨과 유황과 목탄을 일정 비율로 혼합해서 만든 것이 초기의 화약이었다. 이렇게발명된 것이 인도와 아랍을 거쳐 유럽에 전파되었다. 유럽으로 건너간화약은 르네상스 시대인 14, 15세기가 되면서 총포 개발에 이용되었고본격적으로 전쟁에 사용되기 시작했다.

    1867년에 알프레드 노벨이 다이너마이트를 발명함으로써 화약의 역사는 절정을 이루게 된다. 노벨은 무기 공장에서 일하는 아버지를 따라가 놀면서 자연스럽게 화약에 관심을 갖게 되었다. 그러던 중 화약이 폭발하면서 여동생 에밀이 죽자 노벨은 안전한 화약을 만들어야겠다는 꿈을 품게 되었고, 결국 니트로글리세린에 규조토를 고정시키는 방법으로 안전한 화약인 다이너마이트를 발명했다. 이 발명으로 노벨은 큰돈을 벌었다.

모두가 알다시피 다이너마이트는 두 얼굴을 가지고 있다. 산업 현장에서 없어서는 안 될 물건이면서, 다른 한 편으로는 무시무시한 전쟁 무기로도 사용되는 것이다.

그림 2-17 노벨과 그의 유언장(1895년 11월 27일). 노벨은 자신의 유산 가운데 94%를 노벨상 제정에 쓰라고 유언했다.

1888년 노벨의 동생 루드비그가 사망했다. 그런데 한 신문사에서 동생과 노벨을 착각하여 노벨의 사망 기사를 신문에 실었다. 그 기사를 본 노벨은 충격에 빠졌다. 그 기사의 내용이 '죽음의 상인, 사망하다'는 내용이었기 때문이다. 자신이 개발한 다이너마이트가 곧 '죽음의 상품'이라는 것을 확인한 순간이었다. 노벨은 자신의 유산을 스웨덴 왕립 과학 아카데미에 기증하면서 그 이자로 인류의 복지에 기여한 사람들에게 상으로 주라는 유언을 남겼다. 그 유산의 이자로 지급되는 것이 노벨상이다.

노벨상의 분야는 물리학상, 화학상, (생리)의학상, 문학상, 평화상 등이었다가 나중에 경제학상이 추가되었다. 그런데 위의 어느 분야 못지 않게 중요한 '수학' 분야의 노벨상은 없다. 그 이유는 노벨이 당시 최고의 수학자였던 레플러와 사이가 좋지 않았기 때문이라는 이야기도 있고, 노벨이 수학자였던 어떤 여인으로부터 실연을 당했기 때문이라는 이야기도 있지만 어느 것이든 확실하지는 않다. 노벨이 평생 독신으로 살았던 것을 보면 후자의 이야기가 맞는 것 같기도 하다.

억세게 운 좋은
두 화학자 이야기

역사에 기록될 정도의 천재들은 영감도 유난히 뛰어났던 모양이다. 오로지 자신의 머리로, 논리적인 추론을 통해 발명을 하고, 창작을 한 것은 아니라는 것이다. 위대한 음악가 모차르트는 자신의 작품들이 모두 꿈에서 영감을 받은 것이라고 말했으며, 괴테도 꿈에서 힌트를 얻은 시들이 많았다고 한다.

아인슈타인도 풀리지 않는 문제의 단서를 꿈에서 찾곤 했다. 그래서 늘 그의 머리맡에는 계산기와 필기도구가 준비되어 있었다고 한다. 아인슈타인이 눈을 감을 때도 마지막으로 남긴 말이 머리맡에 둔 계산기를 달라는 것이었다고 한다.

최초로 재봉틀을 만든 일라이어스 하우(1819~ 1867) 역시 마찬가지였다. 재봉틀의 바늘을 상하로 움직이게 하는 데까지는 성공했으나 더 이상 진척이 없어 답답한 나날을 보내던 그는 어느 날 꿈을 꾸었다. 꿈속에서 그는 밀림 속을 헤매다가 식인종들에게 둘러싸였다. 식인종들은 그에게 창을 겨누며 점점 가까이 다가왔다. 그런데 이상한 점이 눈에 띄었다. 식인종들이 겨누고 있는 모든 창의 끝에 구멍이 뚫려 있는 게 아닌가. 여기서 힌트를 얻은 그는 재봉틀 바늘에 구멍을 뚫어 재봉틀을 완성했다.

일라이어스 하우처럼 아주 운이 좋은 두 명의 화학자가 있었다. 벤젠의 분자 구조를 발견한 독일 화학자 케큘레와 원소의 주기율표를 발견한 러시아 화학자 멘델레예프가 바로 그들이다.

벤젠이라는 물질은 도시가스 배관에 쌓인 액체에서 발견되었다. 벤젠은 C_6H_6로 수소와 탄소가 1:1로 결합되어 매우 안정적인 형태를 취하고 있었다. 탄소는 수소 4개와 결합하는 보통이었으나, 벤젠에서는 탄소 6개, 수소 6개가 정교하게 결합되어 있었다. 그러자 이 특이한 물질의 분자 구조를 밝히는 일이 19세기 화학자들에게는 하나의 과제가 되

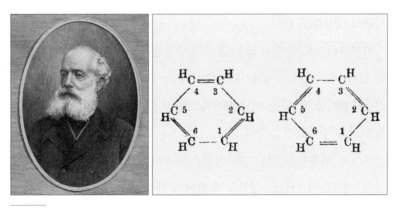

그림 2-18 케큘레와 그가 제안한 벤젠의 분자 구조

152

었다. 그러나 벤젠이 발견되고 40년이 지나도록 밝히지 못하고 있었다.

이때 케쿨레라는 사람이 나타났다. 그 역시 벤젠의 분자 구조에 매달리고 있었다. 하루는 연구실에서 작업을 하던 중 의자에 기대어 깜빡 잠이 들었다. 꿈속에서 원자 하나가 반짝거렸다. 그 주위를 그다지 크지 않은 원자들이 몇 개씩 무리를 지어 마치 뱀처럼 빙빙 돌았다. 그런데 묘하게도 뱀 중의 한 마리가 자신의 꼬리를 물고 있는 게 아닌가. 깜짝 놀라 잠에서 깨어난 케쿨레는 꿈속에서 보았던 구조들을 종이 위에 그려 나갔다. 이것으로 40년 동안 풀리지 않았던 벤젠의 분자 구조가 밝혀진 것이다.

탄소 6개가 한쪽은 이중 결합, 다른 한쪽은 단일 결합으로 연결되어 마치 강강술래를 하듯이 돌아가는 모습이었다. 그가 발견한 고리 모양의 구조는 당시의 상식을 뛰어넘는 것이어서 누구도 상상할 수 없었던 것이다. 벤젠은 플라스틱과 염료, 세제, 살충제 등의 재료로 널리 사용되는 대표적인 유기 화합물의 하나가 되었다.

이번에는 주기율표를 발견한 멘델레예프의 이야기를 보자. 당시 화학자들에게는 오래된 과제가 하나 있었다. 바로 원소의 분류표였다. 식물학의 경우에는 18세기의 생물 분류학자 카를 린네가 다양한 생물 종을 특징에 따라 질서정연하게 분류해 놓았지만 화학 원소들은 사방팔방으로 흩어져 있었던 것이다. 원소들 가운데는 산소, 수소, 염소, 질소와 같은 기체가 있는가 하면 나머지는 고체 상태여서 공통점 찾기가 어려웠다. 그것이 당시 화학자들을 괴롭혔던 것이다.

그림 2-19 멘델레예프

Reihen	Gruppo I. — R²O	Gruppo II. — RO	Gruppo III. — R²O³	Gruppo IV. RH⁴ RO²	Gruppo V. RH³ R²O⁵	Gruppo VI. RH² RO³	Gruppo VII. RH R²O⁷	Gruppo VIII. — RO⁴
1	H=1							
2	Li=7	Be=9,4	B=11	C=12	N=14	O=16	F=19	
3	Na=23	Mg=24	Al=27,3	Si=28	P=31	S=32	Cl=35,5	
4	K=39	Ca=40	—=44	Ti=48	V=51	Cr=52	Mn=55	Fe=56, Co=59, Ni=59, Cu=63.
5	(Cu=63)	Zn=65	—=68	—=72	As=75	Se=78	Br=80	
6	Rb=85	Sr=87	?Yt=88	Zr=90	Nb=94	Mo=96	—=100	Ru=104, Rh=104, Pd=106, Ag=108.
7	(Ag=108)	Cd=112	In=113	Sn=118	Sb=122	Te=125	J=127	
8	Cs=133	Ba=137	?Di=138	?Ce=140	—	—	—	— — —
9	(—)	—						
10			?Er=178	?La=180	Ta=182	W=184	—	Os=195, Ir=197, Pt=198, Au=199.
11	(Au=199)	Hg=200	Tl=204	Pb=207	Bi=208	—		
12				Th=231		U=240	—	— — —

그림 2-20 멘델레예프가 1871년에 작성한 원소 주기율표

러시아 화학자이자 상트페테르부르크 대학 교수였던 멘델레예프는 학생들을 가르칠 화학 교재를 새로 구상하고 있었다. 그때까지 알려진 61개의 화학 원소들을 어떻게 소개할 것인가 고심하면서 원소마다 한 장의 카드를 만들었다. 그리고 각각의 카드에 원소 이름과 특성을 기록하고 이리저리 맞춰 보고 있었다.

그러던 어느 날, 멘델레예프는 점심 식사 후 연구실 소파에서 낮잠을 자다가 이상한 꿈을 꾸었다. 꿈속에서 원소들이 명찰을 달고 이리저리 줄을 맞추어 서는 게 아닌가. 깜짝 놀라 잠에서 깬 멘델레예프는 벽에 붙여 두었던 원소 이름이 적힌 카드들을 떼내어 꿈에서 본 대로 탁자 위에 배열해 보았다. 이렇게 하여 당시까지 알려져 있던 원소들을 원자량 크기순으로 가로로 늘어놓았을 때 8번째 원소마다 성질이 주기적으로 바뀐다는 사실을 발견한 것이다. 멘델레예프는 이를 '원소 주기율

표'라고 이름 붙였다.

이 발견으로 원소들의 화학적 성질은 원자량(무게) 증가에 따라 주기적으로 변하며, 같은 주기의 원소들은 같은 특성을 가지고 있다는 것을 알게 되었다. 예를 들어 리튬, 나트륨, 칼륨, 루비듐, 세슘 등의 알칼리 금속류는 빛이 나며 녹는점이 낮은 금속들이다. 또 이들은 물과 빠르게 반응하면서 수소를 발생시키고 다른 물질과도 잘 결합하는 원소들이다.

산소족 원소들은 조용하게 있는 듯 마는 듯하다. 색도 없고 냄새도 없고 맛도 없다. 그러나 지구상에서 일어나는 화학 반응 뒤에는 거의 어김없이 산소가 자리하고 있다. 염소족 원소들은 독한 냄새로 생명체를 해친다. 화장실의 세균이든 사람이든 염소는 생명체를 해치는 특성을 가지고 있다. 이렇게 화학계의 큰 숙원 하나가 달콤한 낮잠 속에서 꾼 꿈 덕택에 풀렸던 것이다.

삼투압의 원리

식물의 가녀린 뿌리가 어떻게 땅속에 있는 물을 빨아들일 수 있을까, 어릴 적에 한번쯤 궁금해 했을 것이다. 삼투압의 원리 때문이다. 농도가 다른 두 용액 사이에 반투과막을 설치해 두면 농도가 낮은 쪽의 물이 농도가 높은 쪽으로 흘러가 두 용액의 농도가 같아지게 된다. 이것이 삼투압의 원리이다.

반투과막이란 물과 같이 미세한 입자들은 이동할 수 있으나 흙처럼 굵은 입자들은 이동하지 못하는 얇은 막을 말한다. 식물의 뿌리세포가 바로 반투과막이어서 그 막을 통해 땅속의 물이 식물의 뿌리로 옮겨가는 것이다.

이런 현상은 1867년에 독일의 화학자 트라우베(1818~1876)가 처음 발견했고, 페퍼(1845~1920)가 인공적으로 반투명막을 만들어 삼투압 이론을 확립했다. 그 후 네덜란드 화학자 반트호프(1852~1911)가 삼투압 현상은 용매와 용질의 종류에 상관없이 용액의 농도와 절대 온도에 비례한다는 사실을 밝히면서 완성되었다. 그래서 반트호프의 법칙이라고도 부른다.

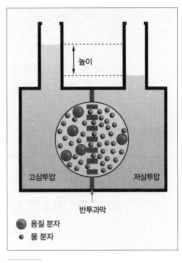

그림 2-21 삼투압의 원리

여기서 두 가지 실험을 해보자. 그릇 가운데에 반투과막이 아닌 헝겊으로 칸막이를 설치하고 한쪽에는 소금물을, 다른 한쪽에는 그냥 물을 부으면 물과 소금이 모두 이동하여 시간이 지나면 물의 농도가 같아진다.

이번에는 가운데에 반투과막을 설치하고 물과 소금물을 넣어 두고 어느 정도 시간이 지나면 그냥 물은 높이가 줄어들고 소금물을 넣었던 곳은 높이가 더 높아진다. 반투과막은 물은 통과하지만 소금 입자는 통과하지 못하기 때문에 농도가 높은 쪽으로 물만 옮겨가는 것이다.

이번에는 계란으로 삼투압 실험을 해보자. 계란의 얇은 속껍질이 바로 반투과막이다. 컵에다 계란을 넣고서 계란이 잠길 정도로 식초를 부어 주면 계란 껍질은 식초에 녹아서 속껍질, 곧 반투과막만 남는다. 반투과막만 남은 계란을 물을 담은 그릇에 넣어 보자. 하루 정도 시간이 지나면 그릇의 물은 농도가 높은 계란 속으로 흡수되어 계란이 오리알 정도로 커다랗게 변한다. 이것이 바로 삼투압 현상이다.

김치를 담그는 것도 과일주를 담그는 것도 삼투압의 원리를 이용한 것이다. 배추를 절일 때는 잘 씻은 배추에다 소금을 듬뿍 뿌리는 것을 볼 수 있을 것이다. 소금을 뿌리고 나서 어느 정도 시간이 지나면 싱싱

하던 배추는 숨이 죽고 만다. 소금물의 농도가 더 높기 때문에 배추 속에 있던 물이 밖으로 빠져나오는 것이다. 과일주를 담글 때는 잘 씻은 과일 위에다 설탕을 잔뜩 뿌려 준다. 그러면 설탕물의 농도가 더 높기 때문에 과일 내부의 물기가 밖으로 빠져나오면서 과일이 쭈글쭈글한 모습으로 변한다.

바다를 항해하는 배에는 구명정이 달려 있다. 배가 난파했을 때 구조선이 올 때까지 몸을 의지하는 작은 배다. 여기에는 몇 가지 음식과 물이 필수적으로 실려 있다.

왜 물이 꼭 있어야 할까? 아무리 갈증을 느껴도 바닷물을 마시면 안 되기 때문이다. 바닷물은 1리터에 소금 35g 정도가 녹아 있는 진한 소금물이다. 갈증이 난다고 바닷물을 마시면 오히려 몸속의 수분이 빠져나오기 때문에 더욱 목이 마르게 된다. 게다가 바닷물 속에는 몸에 해로운 세균이나 미생물들이 섞여 있는 경우가 많아 전염병이 발생할 가능성도 있다. 그래서 아무리 갈증이 심하더라도 바닷물을 마셔서는 안 된다는 것이다.

바닷물을 마실 수 있는 물로 만들 수는 없을까? 만들 수 있다. 그것이 바로 바닷물 담수화 장치다. 바닷물은 농도가 높은 소금물이다. 바닷물이 담긴 용기에 반투과막을 설치한 다음에 삼투압보다 더 높은 압력을 가하면 바닷물의 물만 이 막을 빠져나오면서 마실 수 있는 물이 모인다. 정수기의 원리이기도 하다.

소금의 살균 효과는 알고 있을 것이다. 소금의 분자 구조는 NaCl로 이 중 염소(Cl)가 세균을 죽이는 소독제 역할을 한다. 그러나 소금의 효능은 거기서 그치지 않고 벌레나 미생물을 죽이는 역할도 한다. 이는 염소 성분 때문이 아니라 삼투압 때문이다. 미생물이 있는 부위에 소금물을 뿌리면 소금의 진한 용액이 미생물의 몸속에 있는 물을 빼앗기 때문에 미생물이 말라죽는 것이다. 맨손으로 김치를 담그고 나면 손이 쭈글쭈글해지는 것도 바로 소금의 삼투압 현상 때문이다.

소금의 비밀

소금은 생명 유지에 빠질 수 없는 중요한 물질이다. 건강을 유지하기 위해서는 체중의 0.9% 정도의 염도가 필요하다. 소금의 농도가 너무 높아도, 너무 낮아도 문제가 생긴다.

요즘은 소금이 흔하지만 옛날에는 소금이 아주 귀했다. 소금은 필수 식품이기도 했지만 소금이 지닌 살균, 소독, 부패 방지 기능 때문에 옛 사람들에게는 아주 귀중한 물질이었다. 우리나라처럼 김장을 하고 된장과 고추장을 담그는 음식 문화에서는 소금이 필수라서 김장철이 되면 소금값이 쌀값과 맞먹을 정도였다고 한다.

소금은 바닷물을 증발시켜 얻기도 하고 산에서 캐기도 한다. 바닷물을 증발시켜 만드는 소금을 천일염, 산에서 캐는 것을 암염이라고 부른다. 요즘에는 바닷물에서 염화나트륨만 추출해서 정제염을 만들기도 한다. 천일염이나 암염에는 염화나트륨 외에 염화마그네슘, 나트륨, 칼슘, 포타슘, 브로마이드 등의 광물질이 풍부하지만 정제염에는 미네랄이 없어 천일염에 비해 식품으로서의 가치는 떨어진다.

산에서 어떻게 소금이 날까? 수억 년 전 바다였던 곳이 지각 변동을 일으키면서 산이 된 경우, 바닷물 속에 녹아있던 소금이 바위처럼 굳어진 것이다. 이것을 광물처럼 캐낸 것이 암염이다. 암염은 오랫동안 정제 과정을 거친 것으로 질 좋은 소금이다.

소금도 중독성이 있다. 먹을수록 더 먹고 싶어진다. 옛날 매로 사냥을 할 때 매가 도망가지 않고 돌아오도록 하기 위해 소금을 이용했다. 매에게 소금을 점점 많이 먹여 중독시키면 소금이 먹고 싶어 주인집을 떠나지 않았다고 한다.

사람도 마찬가지다. 그러나 필요 이상 많이 먹으면 칼륨의 배출을 촉진하여 인슐린 분비를 도와주지 못하므로 당뇨환자는 합병증을 유발할 수도 있다. 신장이 좋지 않은 사람이 많이 먹으면 염분을 배출하지 못해 혈압이 높아져 심장에 부담이 간다.

발효와 부패는 어떻게 다를까?

발효 식품을 주식처럼 먹는 나라는 우리나라뿐이다. 우리의 밥상에 오르는 식품의 70~80%가 발효 식품이다. 김치, 된장, 고추장, 간장, 새우젓, 굴젓, 조개젓, 식초, 식혜 등이 모두 발효 식품들이다. 김치만 해도 배추김치, 무김치, 백김치, 총각김치, 동치미, 알타리김치, 더덕김치, 오이소박이, 갓김치, 열무김치, 장아찌, 파김치 등 종류가 아주 다양하다.

19세기의 세균학자 루이 파스퇴르(1822~1895)는 공기가 없는 상태에서 미생물에 의해 화학적 변화가 일어나는 현상을 설명하기 위해 '발효'라는 용어를 처음 사용했다. 발효는 탄수화물(당)이 공기가 없는 상태에서 발효균(효모)에 의해 분해되는 현상으로 부패와는 다르다.

같은 유기물도 조건만 다르게 갖추어 주면 부패가 될 수도 있고 발효가 될 수도 있다. 우유를 자연 상태에 그냥 두면 부패가 되지만, 특정 발효 균주를 접종하고 특정 조건에 두면 요구르트가 된다. 그러나 넓은 의미에서는 발효도 부패의 일종이다. 치료제로 쓰이는 항생제도 미생물을 발효시킨 것이다.

가장 중요한 발효 식품인 김치를 보자. 김치에는 비타민 A, C와 칼슘, 인, 철분 등의 무기질이 아주 풍부하다. 김치에 들어가는 다양한 채소류는 열량이 적고 식이 섬유를 많이 함유하고 있어 현대인의 건강식품으로 그 효능이 입증되고 있다.

김치의 발효 과정을 과학적으로 살펴보자. 잘 씻은 배추에 소금을 뿌리면 배추에 저장되어 있던 물이 밖으로 빠져나와 배추의 숨이 죽는다. 다음에는 고춧가루, 젓갈, 마늘, 생강, 파 등을 함께 버무린 항아리에 넣으면 발효 과정이 시작된다. 처음에는 여러 종류의 미생물들이 고춧가루에 있는 당분을 분해하기 시작한다. 고추를 가루로 으깨어 넣기 때문에 고춧가루의 당분이 먼저 분해되는 것이다. 이 당분이 분해되는 과정에서 발생하는 이산화탄소는 배추 사이사이에 들어 있는 공기를 밀어내게 된다. 유산균은 공기를 몹시 싫어한다. 이렇게 공기가 빠져나가면 유산균이 활동하기 좋은 환경이 만들어지면서 본격적으로 유산균이 번식하기 시작한다.

발효는 알코올류, 유기산류, 이산화탄소 등 주로 상큼하거나 시원한 느낌의 물질을 생성하는 반면, 부패는 부패균이 단백질을 분해하여 아미노산을 거쳐 암모니아나 황화수소와 같은 휘발성 물질을 생성하는 것이다. 이 과정에서 휘발성 물질이 역한 냄새를 풍기고, 독성물질도 만들어 낸다.

그러나 예외도 있다. 치즈는 단백질을 발효시킨 식품이며, 애호가들이 즐기는 홍어는 썩을수록 감칠맛이 좋아지며 건강에도 좋은 식품으로 알려져 있다. 홍어의 비밀을 추적해 보자.

물고기는 죽으면 세균에 의해 썩기 시작하면서 육질이 물러지고 부패한다. 이때 독성 물질을 만들어 내기 때문에 상한 생선을 먹으면 식중독이나 배탈이 나는 것이다.

그러나 홍어에는 요소(요산)라는 물질이 들어 있어 분해되는 동안에 암모니아와 이산화탄소 등을 만들어 낸다. 이 암모니아가 부패 세균을 죽이거나 아예 서식하지 못하도록 방어하는 역할을 한다. 암모니아의 강한 알칼리성 때문에 부패 세균이 범접하지 못하는 것이다. 삭힌 홍어에서 톡 쏘는 맛이 나는 것은 바로 암모니아 때문이다. 암모니아를 다량 흡수하면 인체에 해롭지만 홍어에서 생성되는 암모니아는 극소량이기 때문에 인체에 해가 없다.

조선 후기의 실학자 정약전(1758~1816)은 저서 '자산어보'에서 홍어의 효과를 이렇게 기록했다. '홍어로 국을 끓여 먹으면 몸안의 더러운 성분을 제거할 수 있고, 술기운도 없앨 수 있다.'

이쯤에서 삭힌 홍어의 역사를 알아보자. 고려말 왜구들이 남도 일대를 노략질하던 당시 흑산도에 살던 주민들이 지금의 나주로 이주해 왔다. 흑산도는 그때나 지금이나 홍어의 본산지였다. 나주로 거처를 옮겼지만 생업은 여전히 고기잡이였다. 당시 이들이 배를 타고 흑산도로 가서 고기를 잡아올 때까지 일주일 정도가 걸렸다고 한다. 그렇게 잡아온 홍어들이 싣고 오는 동안에 발효가 된 것이다. 아까운 홍어, 이상한 냄새가 나기는 하지만 부패한 것 같지는 않아서 먹기 시작한 것이다.

아이슬란드에서는 '하카르'라는 이름의 상어를 삭혀서 먹는데 냄새도 홍어 못지않다고 한다. 추운 지방이라 주로 독한 술을 마실 때 안주로 애용한다고 한다.

세계에서 가장 흉측한 냄새가 나는 식품은 무엇일까? 얼마 전에 영국의 한 TV에서 가장 독한 음식 대회를 열었다. 여기서 결선에 오른 식품이 우리의 홍어, 중국의 취두부, 스웨덴의 '수르스트뢰밍'이라는 삭힌 청어였는데, 삭힌 청어가 1등을 했다. 냄새가 얼마나 독한지 삭힌 청어의 뚜껑을 열 때 여름에는 반드시 야외에서 개봉했다고 한다.

그림 2-22 수르스트뢰밍. 눈 덮인 겨울 야외에서 사람들이 수르스트뢰밍의 냄새를 맡고 있다.

안전유리의 원리

자동차가 처음 발명되고 대중화되자 사고도 부쩍 늘어나기 시작했다. 늘어나는 자동차 숫자와 사고는 정비례할 수밖에 없을 것이다. 자동차 사고가 나면 충돌의 충격보다는 깨진 유리에 의한 피해가 훨씬 더 크다고 한다. 깨진 유리에 이마나 얼굴을 찔려 치명상을 입기 때문이다.

유리는 분자 구조는 액체지만 일정한 형태를 유지하고 있다는 점에서는 고체다. 그래서 '비결정성 고체'라고 부른다. 화학적으로는 '과냉각된 액체'이다.

유리가 액체의 성질을 가지고 있다면 녹아내릴까? 유리도 녹아내린다. 유럽의 고성들을 방문해 보면 수백 년 전에 유리에 그린 그림들이 아래로 녹아내린 모습을 볼 수 있다.

유리는 고대 페니키아 상인들이 배를 기다리는 동안 강변 모래밭에 불을 피워 놓고 음식을 조리하다가 모래의 실리카 성분이 열 때문에 엉

기면서 반짝이는 유리를 발견했다고 한다.

고대 이집트에서는 유리가 장식용 목걸이와 병을 만드는 데 사용되었다고 한다. 유리를 창문으로 사용한 것은 로마 시대였는데, 청동으로 만든 창틀에 유리를 끼워서 귀족들의 저택을 장식하는 수단으로 이용되었다.

현대에 들어 자동차 시대가 열리면서 유리는 빠질 수 없는 자동차 소재가 되었다. 그러나 자동차 사고로 사람이 목숨을 잃는 치명적인 사고도 늘어나게 되었다. 특히 사고가 날 경우 자동차 유리는 무서운 흉기로 돌변하곤 했다.

안전유리는 프랑스의 화학자 베네딕투스가 발명했다. 그의 작업실 선반 위에는 각종 약품을 담은 유리병들이 늘어서 있었다. 어느 날 고양이가 선반 위를 뛰어다니다가 유리병을 바닥으로 떨어뜨리고 말았다. 그러나 놀랍게도 바닥에 떨어진 유리병은 금만 간 상태였고 파편으로 부서지지는 않았다. 유리병 내부를 살펴보았더니 병에 담아 두었던 질산셀룰로오스 용액이 증발하면서 내부에 얇은 막이 형성되어 있었던 것이다. 그러나 그 당시에는 더 이상의 생각은 하지 않고 잊어버렸다.

그로부터 얼마 후 자동차 사고가 나서 깨진 유리 파편에 사람이 크게 다쳤다는 기사가 신문에 실렸다. 그 기사를 읽던 중 그는 얼마 전에 있었던 유리병 사건을 떠올렸다.

'유리병이 깨지지 않는다면 자동차 유리도 안전할 수 있지 않을까?'

여기에까지 생각이 미친 그는 곧바로 실험에 착수했다. 그가 처음 발명한 안전유리는 두 장의 유리판 사이에 투명한 셀룰로이드 필름을 끼워 넣는 방식이었다. 플라스틱 필름을 부착하여 깨진 유리가 흩어지지

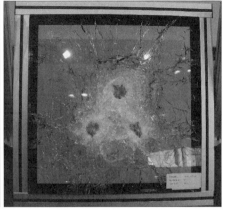

그림 2–23 안전유리(왼쪽)와 방탄유리(오른쪽). 안전유리가 발명되자마자 바로 자동차에 도입된 것은 아니다. 그보다 먼저, 제1차 세계대전에서 방독면에 널리 이용되었다.

않게 하는 이치였다. 1906년 베네딕투스는 이렇게 발명한 안전유리의 제조법에 대한 특허를 냈다. 그리고 그 제조법이 미국 자동차 표준 규격으로 결정되면서 안전유리는 세계적인 상품이 되었다. 그 이후 안전유리의 품질이 계속해서 개량되었고, 마침내 플라스틱으로 만든 접착제가 사용되기에 이르렀다. 그것으로 그는 돈과 명예를 모두 얻었다.

방탄유리도 같은 원리이다. 방탄유리가 어떤 총알이라도 막아낼 수 있는 것은 아니다. 방탄유리는 합판 유리의 일종으로 두 겹의 유리 사이에 한 겹의 플라스틱 층을 넣어 샌드위치 방식으로 만든 것이다. 얇고 견고한 플라스틱 층이 있어 유리가 깨지더라도 계속 플라스틱에 접착되어 있기 때문에 파편이 생기지 않는 원리다.

유리와 크리스탈은 어떻게 다를까? 유리는 탄산나트륨(Na_2CO_3)과 석회석($CaCO_3$), 규사(SiO_2, 실리카)를 함께 녹여 만드는 것으로 녹는점이 낮아 가공이 용이하고 값도 싸서 식기류나 판유리, 일반 병류에 흔히 사용된다.

이에 비해 크리스탈은 96% 실리카 유리를 말하는 것으로 900℃에서도 견딜 수 있을 정도로 녹는점이 매우 높고 단단하며 강도가 높은 고급 유리다. 장식용 집기나 광학용 자재 등으로 사용된다. 물론 일반 유리에 비해 가격 또한 비싸다. 크리스탈은 산화물의 함량과 수제품 여부에 따라 품질이 결정된다.

2003년 프랑스 파리에서 개최된 바띠마 박람회에서는 '자가 세척이 가능한 유리'가 선을 보였다. 유리의 표면에 얇은 산화층을 입혀 유리가 자가 세척되는 기능을 가질 수 있도록 한 것이다. 이 유리는 표면에 붙은 물방울이 마를 때 지저분한 자국을 남기지 않게 한다는 특성을 가지고 있다. 또한 표면에 붙은 유기 성분의 찌꺼기를 벗겨 내는 세척 기능까지 가지고 있는 제품이었다. 이것이 보편화되면 고층 빌딩의 유리 닦는 모습이 사라지게 될지도 모를 일이다.

도시에서 금을 캐다, '도시 광산업'

    요즘 각국마다 도시에서 귀금속을 캐내는 도시 광산업 열풍이 불고 있다. 도시 광산업이란 버려지는 휴대폰이나 컴퓨터, 가전제품 등으로부터 금속 자원을 회수하여 재활용하는 산업을 가리킨다.

    우리나라의 경우 금속 자원의 90% 이상을 해외 수입에 의존하고 있고 더구나 주요 원자재 가격이 지난 몇 년 사이 2배 정도 오르고 있어 도시 광산업이 본격적으로 필요한 시점이 되었다.

    도시 광산업이라는 개념은 1980년대 가전제품 왕국이었던 일본에서 비롯되었다. 1980년대 일본 도호쿠대학 선광제련연구소 난조 마치오 교수가 처음 사용하면서 등장한 개념이다.

    일본은 가전 왕국답게 도시 광산업의 규모도 엄청나다. 일본 가구 전체에 보급된 가전, 전자, 휴대폰 등에 매장되어 있는 금의 양은 6,800톤, 전 세계 금 매장량의 16%에 이른다고 한다. 그 외 은 60,000톤, 희소 금속인 인듐 1,700톤에 이른다.

    일본의 비철금속 제련 기업인 도와 홀딩스는 1990년대부터 도시 광산업 사업에 뛰어들어 2009년에는 전체 매출의 14%를 도시 광산 사업으로 확보했다. 폐기물 전문 기업인 요코하마금속은 1990년대 중반 버려진 PC

에서 귀금속을 추출하는 사업을 벌였고 일본 최초로 휴대폰에 숨은 금을 추출하는 사업을 시작했다.

도시 광산업은 경제성도 좋다. 예를 들어, 광산에서 캐내는 금광석 1톤에서 겨우 4g 정도의 금을 얻을 수 있으나 폐 휴대폰 1톤에서는 이의 70배인 280g 정도의 금을 회수할 수 있다고 한다.

우리나라는 2000년에 들어서야 이에 눈을 뜨기 시작하여 폐기물 재활용 사업을 벌이고 있으나 아직은 회수율 10% 정도이다. 미, 일, 독일의 40% 수준에 비하면 미미한 수준이다. 정부는 도시 광산업을 10대 녹색 산업으로 지정하고 2012년까지 자원 회수율을 16.9%까지 끌어올리겠다는 계획이다.

도시 광산업은 원자재 해외 의존도를 줄이면서 수입 대체 효과를 꾀할 수 있는 방법이며 녹색 경제에도 크게 기여할 수 있을 것으로 보인다. 폐기물을 새로운 자원으로 활용한다는 점에서 가장 적극적인 재활용이기 때문이다. 자원을 회수할 수 있는 제품은 휴대폰, 컴퓨터, 노트북, 자동차, 스캐너, 프린터, 공기청정기 등 가정에서 사용하고 있는 제품 거의 대부분이다. 이를 모두 합칠 때 우리나라 도시 광산업 전체의 잠재적인 가치는 대략 50조 원으로 추정되고 있으며 매년 4조 원 정도의 자원이 발생하고 있다.

그중 자원을 가장 많이 회수할 수 있는 제품이 휴대폰이다. 버려지는 휴대폰 하나에는 금 0.0367g, 은 0.2742g, 동 15g 등의 금속이 들어 있다. 이것을 가격으로 따지면 버려지는 휴대폰 하나에 2,500원 정도의 금속이 버려지는 셈이다. 국내 폐 휴대폰은 연간 1,300만 대로 추정되지만 수거율이 40%밖에 안 된다. 중고 PC도 50%가 일본이나 중국 등으로 빠져나간다. 휴대폰 시장이 스마트폰으로 대체되면서 신규 수요가 2,500만 대 규모에 달할 것으로 예상된다. 이는 이전에 사용하던 일반 휴대폰 2,500만 대가 버려진다는 얘기다. 휴대폰뿐만이 아니라 폐기되는 자동차의 희소 금속 잠재 가치도 총 1조 8,000억 원으로 평가된다. 일반 자동차 한 대에 들어, 있는 크롬, 망간, 니켈 등은 4.5kg에 달한다.

이번에는 전자제품을 보자. 전자제품 회로 기판에는 금, 은, 동, 코발트, 몰리브덴 등의 희소 금속이 다량 숨어 있다. 이들은 액정화면, 태양전지, 연료전지, LED조명, 시스템 반도체, 첨단 자동차 등에 사용되는 귀중한 소재들이다. 우리나라 가전제품 회수율은 10% 정도로 미, 일, 독일의 40%에 비하면 아주 낮은 수준이다. 더구나 우리나라는 금속 자원을 많이 사용하는 나라다. 대부분 수출에 의존하는 제조업이다 보니 금속 사용량이 많은 것이다. 우리나라 국민 1인당 금속 소비량은 1,050kg 정도로 일본 600kg, 미국 400kg에 비해 훨씬 높은 수준이다.

자원 내셔널리즘에 대비하기 위해서도 폐자원 활용을 적극적으로 추진해야 한다. 아이팟, 전기 자동차, 미사일 등 첨단 제품에 필수적인 희토류를 보자. 희토류는 흙이 아니라 원자 번호 57~71까지의 란타넘 계열의 원소를 총칭하는 용어다. 희토류 매장량의 97%가 중국에 집중되어 있다. 중국은 이미 희토류의 대일 수출을 제한하고 있는 것으로 알려지고 있다. 우리나라처럼 자원 대부분을 해외에 의존하고 있는 나라에서는 자원 리사이클링을 적극적으로 추진해야 할 이유이기도 하다.

재미있는
생물 이야기

생명체의 특징

생물학은 살아 있는 생명체를 연구하는 학문이다. 생명체란 무엇이며 어떤 특징을 가지고 있는가? 목적지를 향해 달릴 수 있는 자동차는 생명체일까?

모든 생명체는 태어나고 자라고 언젠가는 죽는다. 태어남도 없고 죽음도 없는 바위나 쇠붙이는 생명체가 아니다. 그러나 생명체 여부를 가르는 좀 더 중요한 특징은 생식을 통해 자신의 유전자를 담은 또 다른 생명체를 남긴다는 점이다. 모든 동물과 식물, 바다의 플랑크톤이나 박테리아도 자신의 유전자를 후대에 전달할 수 있기 때문에 생명체로 분류된다. 하늘의 별도 태어남과 죽음이 있지만 자신을 닮은 생명체를 남기지 못하기 때문에 생명체가 아닌 무생물인 것이다.

모든 생명체는 생명을 유지하고 성장하기 위해 외부와의 물질 교환을 통해 에너지를 생산하고 소비하며 사용하고 남은 찌꺼기를 외부로

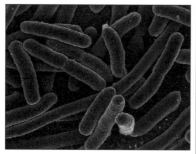

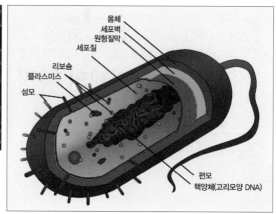

그림 3-1 전자현미경으로 본 박테리아(왼쪽)와
박테리아의 구조

배출한다. 이런 활동을 '생명 활동'이라고 한다. 학문적인 용어로는 '신
진대사'라고 부른다. 즉, 생물체의 생존과 성장을 위해 필요한 영양분을
외부로부터 섭취하고 이것을 자신에게 필요한 에너지로 바꾸는 화학
반응을 가리키는 말이다. 쉽게 말해서 우리가 음식물을 먹고 이것을 소
화시키기 위해 숨을 쉬고 찌꺼기를 배설하는 행위가 모두 신진대사다.

　식물의 대사 활동을 보자. 식물은 광합성을 통해 태양 에너지를 자신
에게 필요한 에너지로 바꾼다. 그러나 동물들은 생명 유지에 필요한 물
질을 합성할 수 없으므로 식물이나 다른 동물이 가지고 있는 유기 화합
물을 섭식하고 분해시켜 이것에서 생성되는 에너지로 생명을 유지한다.

　동물이 섭취한 먹이의 대부분은 탄수화물, 지방, 단백질의 3가지 주
된 화합물과 무기물질, 비타민 등이다. 섭취한 먹이는 소화와 흡수의 과
정을 거쳐 생체에 이용될 수 있는 단순한 화합물로 분해되고, 이러한 물
질들은 생명 유지에 필요한 에너지를 생산해 낸다.

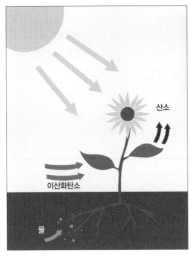

산소

이산화탄소

물

그림 3-2 광합성(왼쪽)과 식물의 잎

생명체는 생명 유지를 위해 외부 환경에 적절히 대응한다. 추위와 더위를 이기고 스스로 위험을 피할 줄 안다. 그리고 장기적으로는 환경에 적응해 간다. 그리하여 자신이 살아가는 데 가장 적합한 상태를 유지한다. 이것을 생물학 용어로는 '항상성'이라고 한다.

자동차도 휘발유를 태워서 그 힘으로 목적지를 찾아가는 행위를 하지만 생명체는 아니다. 스스로 그런 활동을 할 수 없다는 점과 자신의 유전자를 후대에 전하지 못한다는 점 때문이다.

탄소 순환

지구상의 물질은 형태를 달리 하면서 끊임없이 순환된다. 물질의 순환 중에서 가장 중요한 것이 탄소의 순환이다. 식물은 태양 에너지의 도움을 받아 탄소를 영양분인 유기물로 만들고, 동물은 식물에서 유기물을 섭취하여 생존에 필요한 에너지를 얻는다. 동물의 몸이나 배설물은 미생물에 의해 분해되어 다시 이산화탄소를 공기 중에 되돌려 준다. 이것이 탄소 순환이다.

식물과 동물의 가장 큰 차이는, 식물은 극히 일부를 제외하고는 스스로 필요한 영양분을 만들어 내지만 동물은 식물이나 다른 동물에게 영양분을 얻는다는 점이다. 식물에는 엽록소라는 유기물 생산 공장이 있어 이것이 공기 중에서 흡수한 이산화탄소와 뿌리에서 흡수한 무기물을 가지고 태양 에너지의 도움을 받아 영양분인 유기물을 만든다. 이것을 '광합성'이라고 부른다. 유기물이란 탄소와 다른 물질들이 결합된 탄

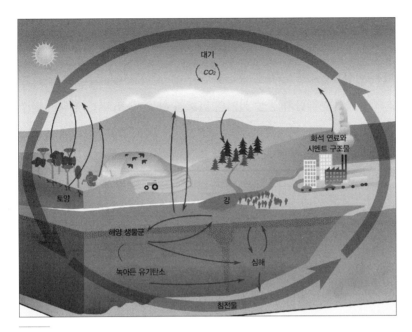

대기
(CO₂)

화석 연료와
시멘트 구조물

토양

강

해양 생물군

녹아든 유기탄소

심해

침전물

그림 3-3 탄소 순환

소 화합물을 가리키는 말이다. 식물이 광합성을 통해 유기물을 만들지 않으면 식물은 물론 동물도 살아갈 수 없다.

여기에 식물과 동물의 서로 돕기가 숨어 있다. 식물이 광합성을 하기 위해서는 탄산가스라고 불리는 이산화탄소가 필요하다. 유기물인 탄소 화합물을 만들기 위해서는 이산화탄소가 꼭 필요하기 때문이다. 식물이 공기 중에서 이산화탄소를 취해 탄소 화합물인 유기물을 만드는 과정 에서 산소를 내뿜는다.

한편 동물은 식물을 먹이로 먹고 이것을 소화시키기 위해서는 공기 중에서 산소를 취해야 한다. 이것이 동물의 호흡이다. 이 호흡 과정을 통해 동물은 산소를 취하는 대신 이산화탄소를 내뿜어 식물의 광합성 과정을 도와주는 것이다. 또 동물의 배설물은 미생물에 의해 분해되어 다시 이산화탄소를 공기 중에 배출한다.

지구에서는 식물과 동물 사이의 탄소 순환 외에 또 다른 형태의 탄소 순환이 일어난다. 어패류와 산호 같은 해양 생물은 바닷물 속에 존재하는 탄산가스를 이용해 탄산칼슘(석회석) 생체 보호막을 만든다. 이 과정은 또 다른 형태의, 더욱 장기적인 탄소 순환에 해당한다. 또한 어패류의 탄산칼슘은 바닷물 속의 탄산가스의 양과 수소 이온 농도(pH)를 조절해 줌으로써 지구의 환경 조건을 일정하게 유지해 주기도 한다. 결국 지구상의 탄소는 끊임없이 움직이고 전환되면서 생명체에게 에너지와 먹이를 제공하는 원천이 된다.

정리하자면 식물과 동물은 이렇게 서로를 도우면서 이산화탄소를 순환시키고 있다. 이런 순환과정이 없었다면 지구상의 생물은 존재하지 못했을 것이다.

질소 순환

지구촌 가족들에게 탄소의 순환 못지않게 중요한 것이 질소의 순환이다. 단백질의 핵심 성분이 질소이기 때문이다. 단백질은 동식물의 뼈대와 몸체를 이루는 물질이며 혈액, 세포막, 면역 세포를 만드는 주요 성분이어서 단백질이 없으면 동식물은 자라지 못한다.

사람에게 질소는 다소 역설적인 물질이다. 질소는 사람에게 꼭 필요하고 공기 중의 78%를 차지할 만큼 풍부하지만 인간은 이것을 직접 이용할 수가 없다. 공기 중의 질소는 우리의 호흡을 통해 몸 안으로 들어왔다가 그냥 빠져나갈 뿐 아무런 역할도 하지 못한다. 질소는 아주 단단한 고리로 연결되어 있어 직접 이용할 수가 없는 것이다.

인간을 포함하여 동물은 식물에서 단백질을 얻는다. 식물이 흡수한 질소는 탄소, 산소, 수소와 결합하여 아미노산을 만들고, 아미노산은 다시 단백질을 만든다. 식물이 이용할 수 있는 질소는 두 가지 형태로 공

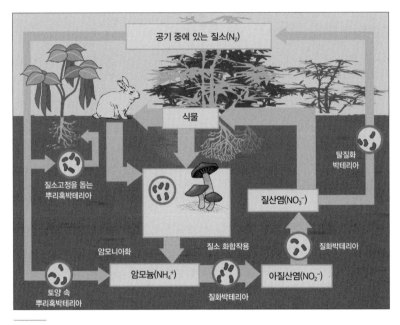

공기 중에 있는 질소(N₂)

식물

탈질화
박테리아

질소고정을 돕는
뿌리혹박테리아

질산염(NO₃⁻)

암모니아화

질소 화합작용

질화박테리아

토양 속
뿌리혹박테리아

암모늄(NH₄⁺)

질화박테리아

아질산염(NO₂⁻)

그림 3-4 질소 순환

급된다. 하나는 번개의 역할이다. 번개가 치면 공기 중의 질소는 산소와 결합하여 질소 산화물을 만든다. 이것이 빗물에 의해 땅으로 떨어지면 식물이 흡수할 수 있는 형태가 된다.

질소를 얻는 좀 더 중요한 방법은 박테리아의 도움을 받는 것이다. 주로 콩과 식물에 기생하는 박테리아는 질소를 식물이 이용할 수 있는 형태로 만들어 콩과 다른 식물들이 섭취할 수 있도록 해준다. 이것을 '뿌리혹박테리아'라고 부른다. 이처럼 식물은 뿌리혹박테리아를 통해서 질소를 얻고, 초식 동물은 식물에서 질소를 얻고, 육식 동물은 다시 초식 동물에서 질소를 얻는다. 그리고 인간은 식물과 다른 동물로부터 질소를 얻는 것이다.

그러나 자연 상태에서 식물이 얻을 수 있는 질소 화합물은 늘 부족했다. 그래서 경험이 풍부한 농부들은 식물에 질소를 보충하기 동물의 배설물을 거름으로 썼던 것이다. 또 콩과 다른 작물을 교대로 심는 지혜를 오래 전부터 터득하고 있었다. 콩의 뿌리혹박테리아가 땅속에 만들어 놓은 질소를 이용할 수 있도록 하기 위해 다른 작물과 교대로 심었던 것이다.

그러다가 20세기에 들어 질소와 수소를 반응시켜 암모니아를 얻을 수 있는 기술이 개발되었다. 이 암모니아는 흙속에 있는 박테리아에 의해 분해되어 식물들이 흡수할 수 있는 질소 산화물이 되었다. 이것으로 식물들의 성장에 늘 부족했던 질소를 인위적으로 공급할 수 있게 된 것이다. 이것이 바로 비료이다. 20세기 초반의 지구촌 인구는 10억 남짓, 지금은 60억을 넘고 있다. 이렇게 인구가 폭발적으로 늘어날 수 있었던 것은 바로 이 질소의 공급원인 비료의 발명에 있었다.

비료의 발명

비료는 농업의 시작과 함께 여러 형태로 발전해 왔다. 옛날에는 쇠두엄, 잡초, 나무나 풀을 태운 재를 비료로 사용했다. 가축의 배설물도 훌륭한 질소 비료였다.

식물의 생육에 꼭 필요한 영양분은 대략 16종이지만 실제로 비료로 사용되고 있는 것은 질소·인산·칼륨·칼슘·마그네슘·규소·망간·붕소 등의 원소로 한정되어 있다. 그 중에서 질소·인산·칼륨은 토양에서 부족하기 쉽기 때문에 이를 '비료의 3요소'라고 부른다.

16세기가 되면서 유기질이 아닌 무기질인 초석(질산칼륨)이 비료로서 유용하다는 것이 알려졌고, 18세기 중반에는 모두 칠레초석(질산나트륨)을 사용하게 되었다. 칠레초석은 칠레의 외딴 섬에 수만 년 동안 새들의 배설물이 쌓여서 굳어진 돌로 훌륭한 비료로 쓰였다.

인공적으로 비료를 처음 만든 사람은 독일의 과학자 유스투스 리비히였다. 1843년에 그는 식물의 성장에 필요한 여러 요소들 가운데 식물의 성장을 좌우하는 것은 가장 부족한 요소라는 '최소량의 법칙'을 발표했다.

예를 들어, 식물이 성장하려면 영양분, 수분, 온도, 빛 등의 요소가 필요한데, 영양분인 질소, 인산, 칼리 중에서 질소 하나가 부족하다면 질소를 모두 사용할 수 있는 정도까지만 성장한다는 내용이었다. 이것을 반대로 해석하면 인공적으로 부족한 영양분을 보충해 주면 식물은 그만큼 더 성장할 수 있다는 이야기이다. 이것이 비료의 이론적 근거였다.

리비히는 1866년에 자신의 이론을 바탕으로 비료를 만들었다. 리비히는 동물 골분에 황산을 작용시켜 수용성 인산을 만들어 냄으로써 비료를 발명한 사람으로 기록되었다.

1908년, 독일에서는 하버와 보슈 등의 학자들이 칠레초석을 사용하지 않고 공기 중의 질소와 수소로부터 암모니아를 효율적으로 합성하는 방법을 소개했다. 그러나 이것을 합성하기 위해서는 200기압의 높은 압력과 500도라는 높은 온도가 필요했기 때문에 많은 시행착오를 거듭했다. 공정을 개선하고 촉매를 찾기 위해 노력한 끝에 1913년에 비로소 인류의 염원이었던 암모니아의 합성에 성공했다. 이 공로로 하버는 1918년에 노벨 화학상을 받았다.

화학 비료를 지속적으로 사용하면 지력이 저하되거나 비료에서 유출되는 질소, 인이 하천, 호수의 부영양화를 일으켜 환경악화로 이어진다. 또 자원 면

그림 3-5 리비히

에서도 장기적으로 볼 때 인의 고갈이 문제가 되고 있으므로, 화학 비료를 대량으로 살포하는 관행 농법은 이제 시정되어야 할 상황에 이르렀다. 이에 친환경 유기 농업이 다시 퍼지고 있다.

동물과 식물의
대를 이어가는 방법

생명체의 가장 중요한 특징은 어떤 방식으로든 생식을 통해 대를 이어간다는 점이다. 태어나고, 죽고, 죽기 전에 자신의 유전자가 담긴 새로운 생명체를 남기는 것이 생명체이다.

하등 동물의 경우에는 이분법, 출아법, 단성 생식 등의 생식 방법이 있다. 아메바 같은 경우는 몸이 둘로 쪼개지는 이분법으로 번식하고, 히드라나 말미잘은 몸의 한 부분이 혹처럼 튀어나온 뒤에 점점 자라서 어미에게서 떨어져 나가는 출아법으로 번식을 한다.

수컷의 수정 없이 배아가 성장, 발달하는 것을 단성 생식이라고 부른다. 이는 하등 동물이나 물벼룩, 진딧물, 벌 등의 무척추 동물에서 나타난다. 드물게는 일부 파충류와 물고기, 새나 상어 등에서 나타나기도 한다. 처녀 생식이라고 부르기도 한다.

그러나 대부분의 동물들은 수컷의 정자와 암컷의 난자가 결합하여

새로운 생명체를 탄생시킨다. 이렇게 형
성된 생명체는 알을 통해 태어나거나 어
미의 몸에서 직접 태어나기도 한다.

식물들이 대를 이어가는 방법은 좀
더 다양하다. 크게 나누어 무성 생식과
유성 생식이 있다. 무성 생식은 다시 영
양 생식과 포자 생식 두 가지로 나뉜다.

영양 생식은 식물의 잎이나 줄기의

그림 3-6 영양 생식. 선인장의 끝 부분에 새로운 개체들이 생
겨나고 있다.

일부가 새로운 개체로 자라나는 방식이
다. 부러진 식물의 줄기나 뿌리에서 새로운 뿌리가 생겨나 싹을 틔우고
새로운 개체로 성장하는 것이다. 식목일에 버드나무를 꺾어 땅에다 꽂
는 꺾꽂이가 바로 이런 형태이다. 클로버나 개나리, 선인장 같은 식물도
그냥 줄기의 일부를 땅에 심으면 새로운 개체로 자라난다. 그밖에 대나
무, 연, 감자, 토란, 잔디, 양파, 백합 등도 줄기를 이용하여 번식한다.

다음은 고사리처럼 수많은 포자를 바람에 날려 생식하는 경우이다.
바람에 홀씨를 날려서 번식하는 민들레도 포자 생식 식물에 속한다. 이
처럼 영양 생식이나 포자 생식은 세포나 핵이 융합하지 않으므로 무성
생식으로 구분된다.

유성 생식은 벌, 나비 등의 도움으로 수꽃의 꽃가루가 암술과 만나
씨앗을 맺고 그 씨앗을 통해 번식하는 방법이다. 수꽃의 꽃가루가 암술
에 전달되는 방법에 따라 충매화, 풍매화, 조매화, 수매화로 나누어진다.

충매화는 벌이나 나비와 같은 곤충의 도움을 받는 식물로, 주로 꽃식
물이나 과일류가 여기에 속한다. 풍매화는 바람의 도움을 받는 식물로

그림 3-7 꽃의 수분을 돕는 벌새

주로 곡물류와 소나무, 은행나무 등이 여기에 속한다. 조매화는 새의 도움으로, 수매화는 물속에 사는 식물들이 물의 도움으로 씨앗을 맺는 방식을 가리킨다.

남에게 기생하여 씨앗을 멀리 보내는 식물도 있다. 도깨비바늘, 도꼬마리, 진득찰, 짚신나물 등은 사람의 옷이나 동물의 털에 붙어 멀리 씨앗을 운반하는 방법을 쓴다. 씨앗에 작은 바늘 같은 것이 있어 이것이 옷이나 동물의 털에 붙으면 잘 떨어지지 않고 멀리까지 이동할 수 있기 때문이다.

겉껍질을 오므렸다가 멀리까지 튕겨 내는 식물도 있다. 제비꽃 등 콩과 식물들이 대표적이다.

새나 짐승의 먹이가 되어 멀리까지 이동하는 식물도 있다. 찔레꽃, 보리수, 산수유 등은 씨앗이 새나 짐승의 먹이가 되어 멀리 이동한다. 수박이나 참외의 씨앗도 사람을 매개로 번식하기도 한다.

다람쥐와 도토리도 재미있다. 다람쥐가 가장 좋아하는 먹이는 도토리다. 도토리를 발견하면 다람쥐는 나중에 먹기 위해 땅속에 묻어둔다. 그러나 기억력이 몹시 나쁜 다람쥐 녀석은 묻어둔 장소를 잊어버린다. 다람쥐가 잊어버린 도토리는 이듬해 싹을 틔워 새로운 생명체로 자라나는 것이다.

침엽수인 주목의 씨앗은 곧바로 발아가 되지 않는다. 한 해 이상 묵

힌 다음에야 씨앗이 움을 튼다. 그래서 주목
을 키울 때는 일부러 냉동실에 넣었다가 해
동한 후에 파종을 하기도 한다. 그것이 생
존을 위해 필요하기 때문일 것이나 아직 그
이유는 밝혀내지 못하고 있다.

대나무도 재미있다. 대나무란 무엇인가?
바로 큰 나무라는 뜻이다. 왜 대나무라고 불
렀을까? 물론 키가 크기 때문이라는 이야기
도 있지만 그보다는 뿌리로 번식하는 대나
무는 나무 하나만 심으면 땅속에서 뿌리가
뻗어나 큰 숲을 이루기 때문이다. 대나무 숲
전체가 하나의 뿌리로 연결되어 있다. 그래
서 대나무가 된 것이다.

그림 3-8 타이탄 아룸

아카시아나 등나무 등은 씨앗으로도 번
식하고 뿌리로도 번식하는 방식을 택하고 있다. 부레옥잠 같은 경우는
뿌리가 아닌 줄기가 옆으로 뻗어나면서 새로운 개체를 탄생시키는 방
법을 쓰고 있다.

미국에서 자라는 '타이탄 아룸'이라는 식물은 사람의 키보다 더 큰 꽃
을 피우는데, 무게가 100kg이 넘고 꽃잎의 직경도 무려 84cm나 된다.
이 식물은 생선 썩는 냄새를 풍겨 파리를 유혹한 다음, 이들의 도움을
받아 번식을 한다.

식충 식물

　지구촌 식물들은 공기 중의 탄산가스와 물과 태양의 도움으로 광합성을 하여 녹말을 만들고, 뿌리에서 빨아들인 질소, 인산, 칼슘, 황, 철분 등의 성분으로 살아간다. 질소가 없으면 단백질 합성이 불가능하고, 칼슘이 없으면 세포를 튼튼하게 만들지 못한다. 인산은 핵산 합성에, 철분은 엽록소 합성에 꼭 필요하다.

　여기에도 예외가 있다. 식물 중에 오히려 곤충을 잡아먹고 사는 식충 식물이 있다. 이들은 대부분 물이 많은 습지나 메마른 땅 등 열악한 환경에서 자라는 식물로 질소나 인 등의 성분을 구하기가 어렵다. 그래서 모자라는 성분을 보충하기 위해 곤충을 잡아먹는 것이다.

　그러면 이들이 굳이 그처럼 열악한 환경에서 살아가는 이유가 무엇일까? 습지 식물이라면 무기물을 얻기는 어렵지만 햇볕이 좋고 습한 기운 때문에 경쟁자가 적어 식충 식물에게는 오히려 좋은 환경이 될 수도 있다. 여기에 곤충을 잡아먹어 무기질만 보충하면 오히려 좋은 환경이라는 것이다.

이들은 벌레를 잡은 뒤 소화 효소나 세균 등을 이용해 분해하여 최종 산물인 질소 화합물이나 염분을 흡수한다. 그리하여 열악한 환경에서도 살아갈 수가 있는 것이다. 지구상에 약 400여 종이 있는 것으로 알려져 있다.

이들의 사냥 방법은 *끈끈이주걱* 같은 것으로 곤충을 잡는 경우, 덫을 놓는 경우, 통발로 곤충을 잡는 경우 등으로 나누어진다.

*끈끈이주걱형*은 잎에 솜털 같은 것이 달려 있고 여기에 *끈끈한* 액체가 나와 있다. 여기에 벌레가 다가와 솜털 하나라도 건드리면 순간적으로 잎을 오무려 곤충을 감는다. 벌레가 발버둥칠수록 더욱 강하게 감긴다.

그림 3-9 여러 식충 식물. 위부터 차례로 끈끈이주걱, 통발, 파리지옥

통발형도 있다. 이는 물고기를 잡을 때 사용하는 통발 모양과 비슷하다 하여 붙여진 이름이다. 통발 안으로 곤충이 들어오면 통발의 뚜껑을 닫아 버린다. 이들은 주로 물에서 살며 물벼룩이 주요 사냥감이다.

포획형은 아름다운 꽃잎으로 벌레를 유인한 다음 벌레가 앉으면 재빨리 잎을 오무려 벌레를 포획한다. 이렇게 잡은 곤충을 1~2주 동안 소화시킨다.

파리지옥은 가시가 돋아 있는 두 장의 잎이 마주 보면서 입을 벌리고 있다가 곤충이 잎에 앉으면 잎을 오무려 먹이를 포획한다. 이들의 행동은 마치 살아 있는 동물의 포식 행동을 연상시킨다. 가시 돋힌 잎 모양은 상어의 이빨을 연상시킨다.

파리지옥은 찰스 다윈이 아주 좋아했던 식물로 알려져 있다. 진화론을 쓴 다윈은 이것도 진화의 결과라고 지적했다. 파리지옥이 식충 식물이라는 것을 처음 밝힌 사람도 다윈이다.

식충 식물 중에서 가장 동작이 빠른 종류는 '통발'로 이들은 뿌리가 없이 물 위에 떠다니며 초당 15,000번 정도로 움직이며 벌레를 잡는다고 한다.

모라넨시스는 손으로 건드리면 곧바로 그 위의 가시돋힌 잎이 덮칠 뿐 아니라 곤충을 녹일 정도의 산과 곤충이 발버둥쳐도 빠져 나올 수 없는 끈끈이를 가지고 있다.

식충 식물 중에는 작은 새들을 노리는 것도 있다고 한다. 네펜테스믹스타가 그러하다. 이 식물은 꽃처럼 붉은색의 주머니를 가지고 있으며 주머니 가운데에는 꿀샘이 흐른다. 꿀을 찾아오는 곤충이나 새가 주머니 깊숙한 곳에 있는 꿀을 먹으려다가 미끄러지면서 주머니 안으로 빨려 들어간다. 이처럼 잎이 주머니 형태로 변해서 곤충을 유혹하는 방식을 '포충낭'이라고 부른다. '벌레 잡는 주머니'란 뜻이다.

이 식충 식물은 '원숭이컵항아리'라는 별칭으로 불리기도 한다. 열대 우림에서 이들 식물 속에 고인 물을 원숭이들이 식수로 이용하는 모습에서 붙은 이름이다. 이 식물은 동남아시아 일대에 주로 서식하며 우리나라에도 많이 보급되어 있어 식물원 등에서 쉽게 찾아볼 수 있다.

식충 식물 중에는 크기와 종류에 따라 곤충은 물론 개구리, 도마뱀, 쥐까지 잡아먹는 것도 있는 것으로 알려져 있다. 반대로 식충 식물을 이용하는 동물도 있다. 조그만 체격의 녹색 개구리는 벌레잡이통풀 속에 숨어 벌레가 들어오기만 기다리고 있다가 곤충이 바닥에 고인 액체 속에 빠지면 길고 끈끈한 혀로 벌레를 낚아챈다. 그런데 개구리가 가장자리에서 미끄러질 때가 있는데, 그때는 오히려 벌레잡이통풀의 먹이가 되고 만다.

우리나라에도 제법 많은 종류의 벌레잡이 식물들이 살고 있다. 끈끈이주걱, 벌레먹이말, 이삭귀개, 땅귀개, 개통발, 들통발, 통발, 벌레잡이제비꽃, 털잡이제비꽃 등 여러 종의 식충 식물들이 자라고 있다. 관상용으로 기르기도 한다.

자신이 태어난 강으로
돌아오는 물고기들

물고기 중에는 강에서 태어나 바다로 가서 살다가 알을 낳기 위해 다시 강으로 거슬러 오르는 물고기들이 있다. 연어, 은어, 송어, 빙어 등이 여기에 속한다. 이런 물고기들은 자신이 태어난 곳으로 돌아온다 하여 모천회귀 어종이라고 부른다. 반대로 바다에서 태어나 강에서 살다가 알을 낳기 위해 다시 바다로 돌아가는 어종도 있다. 뱀장어과에 속하는 어종들이다.

연어는 강에서 태어나 2~3년 동안 먼 바다로 나가서 살다가 알을 낳을 때가 되면 자신이 태어난 곳으로 돌아와 알을 낳는다. 멀리 알래스카, 베링해협까지 이동한다.

연어는 바다에서 자신이 태어난 강으로 거슬러 오르는 동안 수많은 어려움과 만난다. 곳곳에 설치해 놓은 댐과 보를 넘어야 하고, 사람들이 쳐 놓은 그물을 통과해야 하며, 때맞춰 이루어지는 연어 낚시꾼의 낚시

그림 3-10 강물을 거슬러 오르는 연어와 그물로 연어를 잡는 모습

를 피해야 한다. 연어가 자신이 태어난 곳으로 돌아오는 동안에는 먹이 활동도 중단한다. 모진 어려움을 극복하고 오직 자신의 고향으로 돌아가는 것에만 몰두한다.

그런 어려움을 이겨 내고 자신이 태어난 모천으로 돌아온 연어는 상처투성이가 된다. 자신이 태어난 곳으로 돌아오면 너비 1m, 깊이 30cm 정도 크기로 강바닥을 파고 알을 낳고는 죽어 버린다. 그래서 의문이 든다. 그처럼 힘든 길을 왜 굳이 거슬러 오르는 걸까?

이에 대해서는 아직도 확실한 해답을 얻지 못하고 있다. 먼저 유전적인 본능이라는 학설이 있다. 염색체에 자신이 태어난 장소가 입력되어 있어 알을 낳을 때가 되면 자신이 태어난 곳으로 돌아온다는 것이다.

후각이 뛰어나게 발달되어 있어 자신이 태어난 강의 냄새를 기억하고 있다가 그 냄새를 따라 돌아온다는 학설도 있다. 연어는 물속에 녹아 있는 아주 미세한 냄새까지도 분간할 수 있다고 한다.

태양의 위치나 천체의 움직임을 읽고 고향으로 돌아온다는 학설, 나

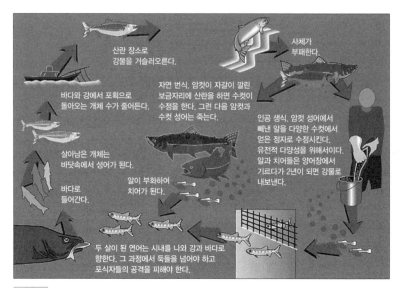

그림 3-11 연어의 일생

침반과 같은 탐지 능력을 가지고 있다는 학설, 염분의 농도 차이를 감지
하여 돌아온다는 학설 등 다양하지만 아직 확실한 것은 없다. 그러나 분
명한 것은 자신이 태어난 장소에 대한 집착이 아주 강하다는 점이다. 이
것을 연어의 모천회귀 본능이라고 부른다.

철새가 길을 찾는 방법

그림 3-12 검은머리솔새와 서식지

철새들이 이동하는 거리는 적게는 수천 킬로미터에서 많게는 수만 킬로미터에 이른다. 캐나다의 검은머리솔새는 남미까지 3,800km를 4일 밤낮으로 날아 4일만에 주파한다. 그러는 동안 체중이 절반으로 줄어든다. 그처럼 강행군을 하기 위해서는 에너지 절약이 필수다.

가장 먼 거리를 이동하는 철새는 제비갈매기로 남극과 북극을 오가는 여행을 하는데 왕복 거리는 3만km 이상이다. 그 먼 거리를 날면서 어떻게 목적지를 찾을까? 이는 학자들 사이에서도 아직 풀리지 않은 의문이다.

우선 태양나침반설이 있다. 낮에는 태양을, 밤에는 별을 나침반으로 이용하여 방향을 잡는다는 학설이다. 그러나 흐린 날에는 무엇을 기준으로 삼느냐 하는 질문에 대답할 수가 없다.

다음은 지구 자기장설이다. 지구는 그 자체가 하나의 거대한 자석이다. 철새들은 남북으로 이동하기 때문에 자기장의 세기를 감지하여 위치를 파악한다는 주장이다. 사람의 혈액처럼 철새들의 피에도 철분이 들어 있어 이것으로 자기장을 감지한다는 주장이다. 네비게이터와 같은 기능을 유전적으로 가지고 태어난다는 주장도 있다.

그림 3-13 제비갈매기 한 쌍

미국 뉴욕주립대학의 켄 에이블 박사는 흥미로운 주장을 내놓았다. 태양, 별, 자기장, 지형지물, 바람, 냄새 등을 상황에 맞게 순차적으로 사용한다는 주장이다. 눈으로는 태양과 별을 보고, 별이 안 보이면 자기장을 이용하고, 자기폭풍이 일어 자기장이 고장나면 또 다른 방법을 사용한다는 것이다.

이 문제에 대한 뚜렷한 결론이 아직 나오지 않는 것은 어느 가설도 확실한 답을 주지 않기 때문이다. 결국 새의 종류에 따라서, 상황에 따라서 다양한 요소들을 복합적으로 이용하면서 목적지를 찾아가는 게 아닐까 생각된다.

분명한 사실 하나는 이들이 길을 찾을 때는 우리가 지도와 나침반을 이용하는 것보다 훨씬 더 정교한 장치를 이용한다는 사실이다. 사람이 가질 수 없는 초감각의 세계를 새들이 가지고 있다는 것이다.

얽히고설켜서 살아가는 생물들

공 생 과 　 기 생

　자연계에 존재하는 생물들은 어떤 식으로든 관계를 맺고 있다. 공생 관계, 기생 관계, 천적 관계, 경쟁 관계 등이다. 공생 관계는 서로가 서로를 돕는 관계를 뜻한다. 꽃과 나비는 가장 아름다운 공생 관계이다. 나비는 꽃에서 꿀을 얻지만 꽃을 수정시키는 좋은 일은 한다.

　개미와 진딧물도 공생 관계이다. 개미는 진딧물의 진을 먹고 살면서 진딧물을 먹이로 하는 무당벌레의 공격에서 진딧물을 보호해 준다. 악어와 악어새도 좋은 공생 관계이다. 악어가 먹이를 먹고 나서 입을 쩍 벌리면 악어새는 악어의 입속으로 들어가 악어가 남긴 찌꺼기를 먹어 치운다. 이것으로 악어는 양치질을 하는 것과 같은 효과를 얻는다. 소라게와 말미잘도 서로를 도우며 산다. 소라게가 먹이를 유인하면 말미잘이 이를 먹는 대신 소라게는 자신을 방어하는 수단으로 말미잘을 이용하는 것이다.

그림 3-14 진딧물을 공격하는 무당벌레(위)와 보살피는 개미

반면 기생 관계는 어느 한쪽이 일방적으로 이익을 취하는 반면 다른 한쪽은 손해만 입는 관계를 말한다. 사람이나 동물의 몸에 기생하는 기생충이 대표적인 기생물이다. 기생이란 남에게 붙어서 살아간다는 의미이다. 기생을 당하는 생물을 숙주라고 한다.

가장 하등 기생물이 바이러스나 박테리아다. 이들은 인간이나 동물에게 여러 가지 병을 일으킨다. 좀 더 발전된 형태가 곰팡이를 비롯한 균류이다. 사람의 손발에 피는 무좀도 이런 기생물이 일으키는 현상이다. 그밖에 사람에게 기생하는 생물에는 회충, 요충, 디스토마 등이 있다. 이들 기생충은 음식물에 섞여 우리 몸속으로 들어가 영양분을 빨아먹고 살면서 여러 가지 해를 입힌다. 사람에게 기생하는 생물 중에는 말라리아균처럼 하등 동물일수록 해를 더 많이 끼친다.

달팽이의 몸속에 기생하는 어떤 기생물은 달팽이를 장님으로 만들어 밝은 곳에서 기어다니게 만든다. 그러면 달팽이는 새의 먹이가 되고, 기생물은 다시 새의 배설물을 통해 다른 달팽이에게로 옮겨간다. 사마귀의 기생충은 사마귀 뱃속을 파먹고 살아간다.

대부분의 버섯류도 숙주 식물의 영양분을 빼앗아 먹으며 산다. 다른 식물의 줄기를 타고 올라가 햇살을 독차지하는가 하면, 그 식물로부터 영양분을 빨아먹고 살아가는 식물도 있다.

콩의 뿌리혹박테리아는 콩에 붙어 살아가는 기생물이지만 콩의 뿌리에 필요한 질소를 공급하는 역할을 한다. 콩에 질소 비료를 주는 것과 같은 효과이다. 산호초에는 갈충조가 살고 있는데, 산호가 자신의 몸을 갈충조에게 서식처로 제공하고 갈충조는 산호충의 배출물을 제거하고 산호의 골격 형성을 도와주는 관계이다. 이처럼 다른 생물에 의존하며 살아가지만 서로에게 좋은 관계를 기생적 공생 관계라고 부른다.

그러나 자연계에는 먹고 먹히는 천적 관계가 더 많다. 사자나 호랑이는 사슴이나 얼룩말의 천적이고, 뱀은 개구리의 천적이다. 개미핥기는 개미의 천적이며, 새는 벌레들의 천적이다. 거미는 잠자리나 나비, 파리, 모기의 천적이며, 사마귀는 메뚜기의 천적이다. 바다표범은 펭귄의 천적이며, 악어는 들소나 얼룩말의 천적이다.

동물뿐 아니라 식물계에도 천적 관계가 있다. 한정된 땅에 살아가기 위해 식물들도 치열하게 싸운다. 소나무와 참나무는 식물계에서 가장 유명한 천적 관계이다. 소나무와 참나무의 싸움에서는 항상 참나무가 이긴다. 소나무는 양수인 반면 참나무는 음수이다. 양수란 햇볕이 있어야 자랄 수 있는 나무를 가리키며 음수는 그늘에서도 잘 자라는 나무를 가리킨다. 일단 소나무 숲에 도토리가 떨어지면 생장 속도가 빠른 참나무는 소나무를 제치고 숲의 주인이 된다. 그리고 시간이 지나면 소나무는 참나무에게 자리를 빼앗기고 만다.

나무가 동물 대신 희생당하는 경우도 있다. 남미에 서식하는 호호바나무가 그러하다. 사람들이 고래를 잡는 이유는 여러 가지 있겠으나 품질 좋은 고래 기름도 한몫 한다. 그런데 호호바나무의 기름이 고래 기름

그림 3-15 자연계의 먹이사슬과 다양한 천적 관계

과 흡사하다는 사실이 밝혀지면서 엉뚱하게도 호호바나무가 수난을 당하는 대신 고래의 개체가 늘어나는 진기한 사례도 있다.

이번에는 자연계의 먹이사슬을 살펴보자. 식물은 태양 에너지의 힘으로 자신에게 필요한 영양분을 스스로 합성한다. 그러나 스스로 영양분을 만들지 못하는 동물은 식물을 먹이로 취하거나 식물을 섭취한 다른 동물을 먹이로 하여 살아간다. 토끼와 사슴이 풀을 뜯어먹고, 호랑이와 사자가 토끼와 사슴을 잡아먹는다.

호랑이 한 마리가 살아가기 위해서는 여러 마리의 토끼와 사슴이 있어야 하고, 여러 마리의 토끼와 사슴이 살아가기 위해서는 많은 풀이 있어야 한다. 숲에서 매 한 쌍이 살아가기 위해서는 먹이가 되는 박새들이 수백 마리 있어야 하고, 수백 마리의 박새들이 살아가기 위해서는 수천 마리의 거미, 수백만 마리의 진딧물이 살고 있어야 한다.

　서로 먹고 먹히는 관계가 아니더라도 먹이와 서식지, 암컷을 서로 차지하기 위해 경쟁을 하며 영역 싸움을 벌이는 관계도 있다. 새들과 송사리, 은어 등의 물고기들은 텃세 싸움이 가장 치열한 종들이다.

숲의 고마움

지구상의 모든 동물은 식물에 의지하며 살고 있다. 식물이 태양의 도움을 받아 생산하는 탄수화물을 먹고 산다. 초식 동물은 풀에서 탄수화물을 얻고 육식 동물은 초식 동물의 몸에서 다시 탄수화물과 단백질을 얻는다. 이처럼 모든 생명의 원천은 식물이다. 그 식물들이 어우러져 살고 있는 곳이 숲이다.

사람은 한순간도 숨을 쉬지 않고서는 살 수 없다. 사람이 숨을 쉴 때는 산소를 마시고 탄산가스를 내뿜는다. 반대로 식물은 탄소 동화 작용을 통해 탄소를 마시고 산소를 내뿜는다. 만약 식물이 산소를 제공해 주지 않는다면 지구는 탄산가스로 가득 차서 어떤 동물도 살아갈 수 없을 것이다.

잘 가꾸어진 숲 1ha은 연간 탄산가스 16톤을 흡수하고 깨끗한 산소 12톤을 방출한다. 한 사람에게 하루에 필요한 산소의 양이 0.75kg이라고 한다면 1ha의 숲은 44명이 숨쉴 산소를 공급해 주는 셈이다. 말하자면 숲은 자연의 산소 공장인 셈이다.

숲은 산소를 공급해줄 뿐만 아니라 오염된 공기의 정화기 역할을 한다. 산업화와 자동차 연기로 오염된 도시에서는 1리터의 공기 속에 10~40만 개의 먼지 알갱이들이 들어 있다. 숲은 이러한 오염 물질을 정화시켜 주는 역할을 한다. 1ha의 침엽수는 1년 동안 30~40톤의 먼지를, 활엽수는 68톤의 먼지를 걸러낸다.

숲은 또 거대한 댐의 역할을 한다. 비가 오면 숲은 많은 양의 물을 머금고 있다가 조금씩 흘려보낸다. 우리나라의 경우 숲이 저장하는 물의 양은 소양강 댐 10개와 맞먹는 180억 톤이나 된다. 만약 숲이 빗물을 저장해 주지 않고 한꺼번에 모두 흘려보낸다면 지금 우리가 겪고 있는 것보다 훨씬 더 큰 홍수나 산사태가 일어날 것이다.

숲은 또 피톤치드라는 물질을 내뿜어 사람의 몸과 마음을 맑게 가꾸어 주는 역할을 한다. 피톤치드는 '나무가 갖는 특유의 향'을 말한다. 이것이 스트레스를 풀어 주고 몸과 마음을 상쾌하게 만드는 것이다.

숲이 주는 각종 혜택을 돈으로 환산하면 66조 원에 이른다. 야생 동물 보호 7,752억, 저수지 역할 17조 5,456억, 맑은 공기 제공 13조 4,476억, 맑은 물 제공 6조 487억 등이다.

고대 문명의 발상지는 어디나 풍부한 강물과 좋은 삼림이 있는 지역이었지만, 문명이 자리 잡기 시작하면 숲은 반대로 사라지기 시작한다. 궁궐과 사원을 짓고 지배자의 권위를 높이기 위해 피라미드와 같은 각종 기념물을 축조하고 전쟁에 필요한 배를 만들고 거주할 집을 짓기 위해서도 많은 목재가 필요했다. 또 늘어나는 인구를 먹여 살리기 위해서는 더 많은 땅이 필요했기 때문에 하나둘 나무를 베어 내고 농경지를 조성했으며, 나무는 땔감으로도 사용했다. 그리하여 고대 문명이 자리했던 거의 모든 지역의 삼림이 파괴되었다. 삼림이 파괴되면 땅은 척박해지고 강물이 범람하면서 더 이상 생물이 살 수 없는 환경이 되어버린다. 숲의 파괴가 문명 몰락의 유일한 원인은 아니라 할지라도 중요한 원인 중의 하나임은 분명하다.

메소포타미아는 목질이 가장 좋다고 알려진 삼나무 천국이었다. 그중에서도 레바논 삼나무가 목질이 가장 좋았다. 삼나무는 레바논을 상징하는 나무로 국기에도 삼나무 문양이 그려져 있을 정도이다. 성경에 자주 등장하는 '백향목'이 바로 레바논 삼나무이다. 성경에서는 다윗의 아들 솔로몬이 성전을 짓기 위해 레바논으로부터 삼나무를 베어 실어 나르는 장면이 기록되어 있다. 카릴 지브란의 명상시 '예언자'에도 나오는 나무다. 고대 메소포타미아 지역의 거의 모든 궁궐과 신전은 이 삼나무로 지었다. 또 삼나무는 숯처럼 연기가 나지 않기 때문에 귀족들의 고급 땔감이었다. 결국 메소포타미아 문명은 삼나무와 함께 종말을 고했다. 이제는 레바논에서조차 삼나무는 귀한 나무가 되어버렸다.

"문명 앞에는 숲이 있고 문명이 지나간 뒤에는 사막이 남는다."

프랑스 작가 샤토 브리앙이 한 말이다. 영국의 문명 사학자 토인비 역시 지구상에 일어났던 고대 문명들을 분석하면서 자연을 파괴한 문명은 필히 몰락했다며 샤토브리앙의 명언을 자주 인용했다.

전 세계적으로 숲이 아주 빠르게 사라지고 있다. 매년 한반도의 절반, 정도의 밀림이 사라지고 있다. 숲이 사라지면 인류도 더 이상 살아남지 못한다는 것이 역사의 교훈이다.

그림 3-16 아마존 위성사진. 도로를 따라 생선뼈 모양으로 숲이 파괴되고 있다.

　숲 가운데서도 가장 위대한 숲은 아마존이다. 아마존은 세계 동식물
의 30%가 서식하는 곳으로 지구가 필요로 하는 산소의 1/4을 공급하는
곳이다. 숲이 사라진 지구에서는 인간도 동물도 살아갈 수 없다는 사실
을 명심하고 하루 빨리 전 지구적인 숲 보호 운동을 벌어야 할 것이다.

하루살이와 매미의 일생

입이 없는 곤충이 있다. 입이 없으면 어떻게 먹을까? 먹지 않는다. 먹지 않고 어떻게 살까? 딱 하루만 살고 죽는다. 이것이 하루살이다. 하루살이란 이름도 그래서 붙여진 것이다.

하루살이는 단 하루를 살기 위해 대략 3년 동안을 물속에서 보낸다. 그러다가 완전히 자라면 물 밖으로 기어나와 허물을 벗고 하늘을 난다. 하루살이는 하늘을 나는 순간부터 먹지 않는다. 그동안 축적한 영양분으로 단 한 번의 짝짓기를 하고 죽기 때문에 입이 퇴화될 대로 퇴화되어 입이 없는 것과 마찬가지다.

초여름 물가나 가로등 불빛 아래 무리 지어 모여들어 군무를 추는 무리들이 하루살이다. 이들의 군무는 구애의 춤이다. 수컷들이 아래위로 날면서 암컷을 유혹하면 암컷들도 날아올라 짝을 찾는다. 짝을 찾으면 하늘로 높이 날아올라 사랑을 하고, 알을 낳고는 죽고 만다.

하루살이는 알이 성충이 되기까지 여러 단계를 거친다. 알에서 애벌레로, 번데기로, 아성충 단계를 거치면서 25회 정도의 허물벗기를 한다. 하루를 살기 위해 천 일 동안 수많은 변신의 노력을 하는 것이다. 인간이 보기에는 불쌍한 생명체다. 그토록 오랜 시간을 준비하고도 하루밖에 살지 못하다니. 그러나 하루살이가 보기에는 내일이 없는 것처럼 눈앞의 욕망에 눈이 어두운 인간이 더 불쌍한지도 모를 일이다.

7년을 땅속에서 보낸 다음 날개를 달고 나와서 10여 일 살다가 죽는 곤충도 있다. 바로 매미다. 매미는 대개 마른 나뭇가지에 알을 낳는다. 알에서 깨어난 애벌레는 나무에서 떨어져 부드러운 흙을 찾아 땅속으로 들어가 애벌레로 자란다.

매미의 애벌레는 나무 밑 흙속에 들어가 2~7년 동안 애벌레로 지낸다. 땅속은 안전하다고 생각할지 모르지만 여기에도 천적이 많다. 두더지, 지네, 땅강아지 등이다. 천적의 공격을 피해 천신만고의 애벌레의 생

그림 3-17 유지매미와 우화

활을 마치고 땅 위로 나온 매미는 허물을 벗어야 비로소 날개 달린 매미가 된다. 매미의 허물벗기를 '우화'라고 한다.

모든 곤충은 허물 벗을 때가 가장 위험하다. 새나 벌레들의 먹이가 되기 십상이기 때문이다. 그래서 매미는 해가 진 다음에 허물벗기를 시작한다. 천적들의 눈을 피하기 위해서다. 우화는 빠르면 두 시간, 늦으면 네 시간 정도 걸린다.

매미는 비오는 날에는 우화를 하지 않는다. 날개가 젖기 때문이다. 장마가 이어지는 동안에는 우화를 멈추고 있다가 장마가 그치고 맑은 날이 시작되면 한꺼번에 허물을 벗는다. 그래서 장마 끝난 다음의 맑은 날에는 날개 단 매미들이 떼 지어 몰려다니는 것이다.

이렇게 성충이 된 매미는 10일 정도의 짧은 시간 동안 노래를 하다가 삶을 마감한다. 매미는 암컷은 울지 못하고 수컷만 운다. 수컷은 특수한 발성 기관이 있어 복부 근처에 있는 진동막을 진동시켜 소리를 내지만 암컷은 발성 기관이 없어 소리를 내지 못한다.

매미의 울음소리는 암컷을 유혹하는 소리다. 물론 노랫소리가 아름답고 클수록 암컷이 잘 따른다. 매미의 울음소리는 사랑의 세레나데인 셈이다. 어른이 된 매미 암컷은 4~5일이 되면 아름다운 노래를 부르는 수컷에게로 다가가 짝짓기를 하고 알을 낳고는 죽는다. 매미는 천적이 많기 때문에 인해전술로 한꺼번에 짝짓기를 하고 많은 알을 낳는다. 매미의 천적은 새, 다람쥐, 거미, 고양이, 물고기 등 다양하다.

매미의 번식 주기는 종류에 따라 5, 7, 11, 13, 17년의 홀수 주기를 갖는 것으로 알려져 있다. 천적의 번식 주기를 피하기 위해서라고 한다. 천적이 적을수록 주기가 짧아지고 천적이 많을수록 주기가 길어진다. 우리나라에는 번식 주기가 5년인 매미들이 가장 많다.

옛날 시골 들마루에 앉아서 듣던 매미 소리는 시원했지만, 요즘 도심에서 밤낮으로 울어대는 매미 소리는 공해에 가깝다. 우리나라에서 문제가 되는 매미 소음의 대부분은 대도시 인구 밀집 지역에 널리 서식하는 말매미 때문이다.

도심이 매미 소리로 시끄러워진 데에는 대략 세 가지 원인이 있다.

하나는 기온상승 탓이다. 매미는 아열대성 체질이라 일정 온도가 유지되어야 활동을 하는데, 최근 우리나라의 기온이 아열대성 기후로 변했다는 점이다. 다음은 매미를 먹이로 하는 새들이 많이 사라졌기 때문에 빠르게 번식이 늘어났다는 것이다. 마지막으로 도심에서 밝히는 야간 조명 탓에 밤에도 매미가 울어 댄다는 것이다.

북미의 매미 중에는 13년 혹은 17년만에 나타나는 매미도 있다. 이 현상은 천적을 따돌리기 위해 진화를 거쳐 채택된 하나의 생존 전략으로 추정된다. 같은 종끼리의 짝짓기 타이밍을 맞추기 위함이라는 설도 있다.

17년 주기 매미들의 울음소리는 아주 요란하다. 이들이 집단으로 울어 대던 1990년 미국 시카고에서는 유서 깊은 야외 음악회마저 이들의 울음소리 때문에 취소될 정도였다.

날개 달린 개미

개미 중에는 날개 달린 개미가 있다. 여왕개미와 수개미들이다. 개미 사회는 역할 분담이 엄격하다. 여왕개미는 알을 낳는 일만 하고 수개미는 여왕개미를 수정시키는 일만 한다. 나머지는 모두 일개미들의 몫이다. 이는 벌도 마찬가지다.

여왕개미가 짝짓기를 할 때는 수개미와 함께 공중으로 높이 날아오른다. 이것을 결혼비행이라고 부르기도 한다. 이 때문에 여왕개미와 수개미에게는 날개가 달려 있는 것이다. 여왕개미가 수정을 끝내면 수개미는 땅으로 떨어져 죽고 여왕개미는 스스로 날개를 떼어낸 다음 평생 동안 알을 낳는다. 여왕개미는 다른 개미들보다 몸집이 훨씬 더 크기 때문에 쉽게 구분할 수 있다.

개미 사회는 여왕개미와 수개미, 그리고 일개미가 알에서 깨어날 때부터 신분이 정해진다. 알에서부터 여왕개미라는 점에서 여왕벌과 구분된다. 여왕벌은 여왕벌로 태어나는 게 아니라 여왕벌로 길러지기 때문이다.

일개미는 죽을 때까지 일만 한다. 여왕을 보살피고, 먹이를 구하고, 외부의 적을 물리치고, 알에서 깨어나는 새끼를 돌보는 것이 일개미의 몫이다.

일개미의 운명은 참으로 가혹하다. 개미 사회에서 가장 낮은 계급에 속하는 일개미는 평생 일만 하는 것도 불쌍한데 수명도 여왕개미에 비해 훨씬 짧다. 여왕개미가 대략 6년 정도 사는 데 비해 일개미는 반년에서 일 년 정도 살다가 죽는다.

잠자는 시간도 차이가 많이 난다. 미국에서 실시된 한 연구에 따르면 여왕개미는 숙면과 졸음을 모두 포함해 매일 평균 9시간의 수면을 취하지만, 일개미의 수면 시간은 고작 4시간 정도뿐이라고 한다. 일개미들이 여왕개미를 위해 이처럼 충성을 다하는 이유는 아직 정확하게 밝혀지지 않고 있다.

식물의 잎을 입으로 잘게 썰어서 먹이로 하는 중남미의 어떤 일개미들은 나이가 들어 이가 무뎌지면 먹이를 자르는 것에서 먹이를 운반하는 짐꾼으로 역할이 바뀐다고 한다. 평생 일만 하다가 죽는 것이 일개미의 운명인 것이다.

박쥐가 무서워 나비가 된 나방

 나비와 나방은 남극 대륙을 제외하고 전 세계적으로 분포하고 있다. 지구상에 있는 16만 5천여 나비목 중 90% 정도가 나방이고, 나비는 10%가 조금 넘는다. '목'은 과보다 높은 분류 단위이다. 나비와 나방은 같은 나비목에서 갈라졌기 때문에 거의 사촌격으로 보면 맞을 것이다.

 나비는 나방에서 진화된 곤충이다. 나방이 먼저이고 나비가 나중이다. 나방이 나비로 진화한 것은 박쥐의 공격을 피하기 위함이라고 한다. 박쥐와 나방은 다 같이 밤에 활동을 하기 때문에 나방은 박쥐의 좋은 먹이가 된다. 박쥐는 초음파를 발사하여 나방의 위치를 알아내어 포획한다.

 박쥐의 공격을 피하려는 나방의 노력은 눈물겹다. 우선 박쥐의 초음파를 피하려는 노력이다. 나방의 몸에는 잔털이 아주 많은데, 이것이 나비와 나방을 구분하는 방법이기도 하다. 나방의 몸에 잔털이 많은 것은

그림 3-18 꿀을 빨고 있는 나방

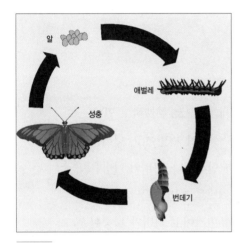

그림 3-19 나비의 일생

박쥐의 초음파를 교란시키기 위함이다. 나방이 불 주위에 모여드는 것도 박쥐의 공격을 피하기 위함이다. 어두운 동굴 속에 사는 박쥐는 밝은 곳을 아주 싫어하기 때문이다.

박쥐의 공격을 근본적으로 차단한 것이 나비로의 진화이다. 밤에만 활동하는 박쥐의 공격을 피하기 위해 아예 낮에만 활동하는 나비로 진화한 것이다.

그러나 나비로 진화한 다음에도 천적은 여전히 있다. 기생벌, 개미 등이다. 그중에서도 기생벌은 가장 무서운 천적이다. 이 기생벌은 나비의 알에 구멍을 뚫고 그곳에 알을 낳는다. 그 알에서는 나비 대신 기생벌이 나오는 것이다. 나비는 산란된 알이 천적의 눈에 띄지 않도록 하기 위해서 알에게 보호색을 입혀 주거나, 알을 잎이나 가지 사이에 끼워 놓거나, 알과 비슷한 모양의 물체가 있는 곳에 산란한다.

알에서 부화하여 애벌레가 되면 새들이 아주 좋아하는 먹이가 된다. 나비 애벌레의 90% 정도가 천적들의 먹이가 된다고 한다. 그래서 알에서 나비가 될 때까지 살아남을 확률은 2%밖에 되지 않는다고 한다.

곤충들은 알에서 성충이 되기까지 여러 번에 걸친 변태를 한다. 변태란 알-애벌레-번데기-성충의 과정을 거치는 것을 말한다. 4단계 변태를 하는 것을 '완전 변태'라고 부른다. 메뚜기 등은 번데기 과정을 거치지 않는 불완전 변태이다. 나비는 4단계 변태를 모두 거치는 완전 변태 곤충이다.

성충이 된 나비가 해야 할 가장 중요한 일은 다음 세대를 위해 짝짓기를 하는 것이다. 수컷들은 대부분의 시간을 암컷을 찾아다니면서 보낸다. 암컷은 알을 다 낳으면 죽는다. 나비의 수명은 대략 1년 정도이다.

다윈의 진화 이야기

종 의 기 원

과학 역사상 가장 치열한 논쟁은 아마도 진화론이었을 것이다. 이 싸움은 지구가 종말을 맞는 날까지 이어질지도 모른다. 이 논쟁의 불씨가 된 것은 1858년에 영국의 박물학자 찰스 다윈(1809~1882)이 발표한 긴 제목의 논문에서 비롯되었다. 〈자연 선택, 즉 생존 경쟁에 있어서 혜택받은 종족이 보존되는 종의 기원에 관하여〉라는 논문으로, 줄여서 〈종의 기원〉이라고 불리는 논문이었다.

1831년 12월 27일, 당시 세계 최강의 국력을 자랑하던 영국은 경도 측정과 해양 탐사를 위해 해군 함정 비글호를 띄웠다. 비글호는 남아메리카와 남태평양, 호주를 거쳐 영국으로 돌아오는 긴 일정의 항해를 했다. 비글호의 피츠로이 선장은 해양 생물 연구를 위해 케임브리지 대학의 생물학 교수 헨슬로에게 동승을 요청했지만 헨슬로는 나이가 많아 그처럼 긴 여행을 감당할 수 없다며 대신 젊은 다윈을 추천했다.

이 여행이 별다른 재주가 없었던 다윈을 세계적인 인물로 만들어 주었다. 어린 시절의 다윈은 겁 많고 재주도 별로 없는 아이였다. 의사의 아들로 태어나 가업을 잇기 위해 의대에 들어갔지만 수술실 풍경을 보고는 뛰쳐나온 겁쟁이 학생이었다. 그가 잘할 수 있는 것이라고는 승마와 딱정벌레, 지렁이 관찰뿐이었다. 실망한 아버지는 목사라도 시킬 생각으로 그를 케임브리지 대학에 보냈으나, 그는 신학 공부보다 생물학 교수 헨슬로의 연구실에서 보내는 시간이 더 많았다. 그것이 인연이 되어 비글호에 동승할 수 있었던 것이다.

그림 3-20 다윈. 종의 기원을 발표하기 몇 해 전의 모습(45세)

다윈은 배가 닿으면 화석을 수집하고 동식물 표본을 만들었다. 파타고니아에서는 멸종한 거대 동물 매머드의 화석을 발견했으며, 안데스 산맥에서는 연대가 다른 화석들이 나란히 위치하고 있는 지층을 발견하기도 했다.

가장 큰 성과는 남미의 에콰도르령 갈라파고스에서 해양 생태계를 관찰하며 거두었다. 다윈이 지구를 반 바퀴나 돌아 갈라파고스 군도에 이르렀을 때, 다윈은 심한 뱃멀미로 한동안 휴식을 취하며 그곳의 생물들을 자세히 관찰할 기회를 얻었다.

그곳은 적도상에 위치하면서도 다양한 기후가 공존하는 곳이었다. 그래서 생물종도 다양했다. 바다에서는 고래상어, 개복치, 헴머헤드상어, 만타레이, 갈라파고스상어, 바다사자, 바다이구아나, 펭귄, 바다거북, 이글레이 등 다른 곳에서는 한 가지도 보기 힘든 것을 모두 볼 수 있었으며, 육상에서는 육지거북과 이구아나, 바다사자, 펭귄 등을 비롯한 각

그림 3-21 다양한 모습을 보이는 핀치의 부리

종 조류를 볼 수 있었다.

다윈이 눈여겨본 것은 핀치새와 거북이었다. 갈라파고스는 13개의 섬으로 이루어진 군도로 섬 사이의 거리도 그리 멀리 떨어져 있지 않았다. 그러나 그곳의 핀치새는 기본적인 골격은 비슷하나 섬에 따라 부리의 크기나 형태, 깃털에서 상당히 다른 모습을 보이고 있었다. 같은 핀치새라도 섬에 따라 망치처럼 뭉툭한 부리, 날카로운 부리, 송곳처럼 가늘고 긴 부리 등으로 다양했다. 거북도 마찬가지였다.

항해를 마친 다윈은 맬더스의 '인구론'을 읽으면서 생물에게 생존 경쟁은 불가피하다는 것을 절실하게 느꼈다. 그리고 치열한 경쟁에서 살아남은 종과 소멸한 종을 자연 선택이라는 관점에서 보기 시작했다.

핀치새라면 처음에는 모두 같은 부리를 가지고 있었을 것이나 각 섬의 먹이 환경에 유리한 부리를 가진 종이 살아남아 그 형질이 후대로 이어진 것이 아닐까 생각했다. 이것이 진화론의 이론적 근거가 되는 자연 선택설이었다. 자연 선택이란 같은 종의 생물 개체 간의 생존 경쟁에서 환경 적응에 성공한 것이 살아남고 그 형질이 후대로 이어진다는 가설이었다.

다윈은 〈종의 기원〉에서 자신의 이론이 가설이라는 점을 강조하면서도 그 개념을 통해 다양한 생명체의 존재를 설명할 수 있다고 주장했다. 그로부터 20년이 지난 1859년 11월, 다윈은 마침내 《종의 기원》을 출간했다. 초판 1,250권은 첫날 매진되었다. 이것으로 진화론적인 사고는 과학은 넘어 거의 모든 분야로 퍼져나갔다.

다윈의 자연 선택설이 발표되기 전까지 대부분의 지식인들은 종의 불변을 믿고 있었다. 말하자면 만물은 천지창조 때에 만들어진 형태를 유지하고 있다는 믿음이었다. 따라서 기독교와 과학 간의 치열한 논쟁을 피할 수 없게 된 것이다.

1860년 6월 30일, 옥스퍼드에서는 다윈의 옹호자인 생물학자 토머스 헉슬리와 성공회 주교인 새뮤얼 윌버포스 사이에 진화론 논쟁이 벌어졌다. 윌버포스가 진화론은 환상에 불과하다고 비판했다. 윌버포스가 헉슬리를 보고 말했다.

그림 3-22 조롱받는 다윈. 당시 프랑스에서 출간된 한 잡지의 표지

"당신은 원숭이와 인척 관계인 모양인데, 그것이 할아버지 쪽이요 아니면 할머니 쪽이요?"

말하자면 '진화론을 주장하는 너희들은 원숭이의 자손이란 말이지?'라는 놀림이었다. 다윈 자신은 진화라는 말을 사용하지 않았으나, 그의 주장을 확대 해석하면 인간도 아주 먼 옛날에 원숭이에서 진화되었다는 해석이 가능하게 되었다. 다윈의 자연 선택론은 만물을 신이 만들었다는 기독교의 세계관과 근본적으로 상충했다.

이 논쟁이 얼마나 치열했던지 기절하는 사람까지 생겨날 정도였다. 다윈의 진화론을 전적으로 인정한다면 신의 창조론은 위기를 맞게 된다. 그리하여 이 논쟁은 지금까지도 이어지고 있다.

다양한 진화론

진화론을 처음 주장한 사람은 다윈이 아니라 프랑스 생물학자 라마르크였다. 라마르크는 다윈보다 65년 정도 먼저 살았던 사람이다.

라마르크는 용불용설을 주장했다. 용불용설이란 자주 사용하는 기관은 점점 더 발달하고 사용하지 않는 기관은 퇴화한다는 이론이다. 기린을 예로 들면 높은 나무의 잎을 뜯어먹기 위해 목을 길게 늘이는 과정에서 목이 점점 길어졌고, 이렇게 길어진 목은 그 형질이 후대로 유전되면서 목이 긴 기린이 되었다는 것이다.

이에 비해 다윈의 주장은 자연 선택설로 요약된다. 자연은 이런저런 특징을 가진 개체들 중에서 환경에 적합한 우수한 개체들을 선택하여 번식하게 하는 반면 열등한 개체는 도태시킨다는 이론이었다. 대체로 라마르크의 용불용설을 다윈의 자연 선택론이 바로잡아 주었다는 의견이 우세하다.

어떤 종이든 모든 개체가 쌍둥이처럼 완전히 똑같은 것은 아니다. 모든 종은 생존에 필요한 수보다 훨씬 더 많은 수의 후손을 남긴다. 그 중에는 부모보다 목이 긴 개체도 태어나고 부모보다 목이 더 짧은 개체도 태어난다. 일종의 변이다. 변이는 변화하는 환경에 적응하려는 노력이다. 그중 환경에 적합한 개체는 살아남고 부적합한 개체는 도태되었다는 것이다. 그리고 살아남은 개체의 형질이 후대로 유전되었다는 주장이다.

그림 3-23 목을 늘여 아카시아 잎을 먹고 있는 기린

멘델의 유전학 이야기

　유전학의 기초를 세운 멘델(1822~1884)은 오스트리아 실레지아 지방에서 가난한 농부의 아들로 태어나 어린 시절부터 아버지의 과수원 일을 도우면서 원예와 친숙해졌다. 집안이 가난하여 대학을 포기하고 성직자가 된 멘델은 후에 수도원장의 초청으로 빈 대학에 진학하여 물리학, 생물학, 수학을 공부할 수 있는 기회를 얻었다. 그것이 유전의 법칙을 발견할 수 있는 원동력이 되었다.

　빈 대학에서 공부를 마친 멘델은 부모의 형질이 어떻게 자식에게 이어지는가 하는 문제에 관심을 갖기 시작했다. 멘델은 다윈보다 열세 살이 적은 나이였으나 두 사람 간에는 어떤 식으로든 교류가 있었던 것으로 보인다. 다윈은 부모의 형질이 후대로 이어질 거라는 가설만 세웠을 뿐 이것을 증명하지는 못했다. 멘델이 구체적으로 어떻게 형질이 이어지는지를 실험을 통해 통계적으로 밝힌 것이다.

그림 3-24 멘델

그는 수도원 정원에 다양한 종류의 완두콩을 심어 서로 다른 형질의 완두콩을 인위적으로 교배시키면서 부모의 형질이 후대로 이어지는 과정을 통계적으로 규명하기 시작했다. 이 실험을 통해 멘델은 유전의 법칙을 정리했다.

• 우열의 법칙 : 우성의 법칙이라고도 부른다. 둥근 콩과 주름 콩 중에서 둥근 콩이 우성이라면 잡종 1세대에서는 둥근 콩만 나타나고 열성인 주름 콩의 유전자는 잡종 1세대에서는 숨어 있다. 이처럼 대립되는 형질을 교배시킬 경우 잡종 제1대에서는 우성 형질만 표면에 나타나는 것을 '우열의 법칙'이라고 부른다.

• 분리의 법칙 : 다시 잡종 1세대끼리 교배시켰을 경우에는 우성과 열성이 3:1의 비율로 나타난다. 둥근 콩 3에 주름 콩 1의 비율로 열성 인자가 나타나는 것이다. 이것을 '분리의 법칙'이라고 부른다.

• 독립의 법칙 : 각각의 유전 형질은 서로에게 영향을 미치지 않으면 독립적이다. 예를 들면, 둥글고 노란 콩과 주름지고 녹색인 콩을 교배시킬 경우 꽃의 색깔이나 주름은 서로에게 영향을 미치지 않으며 독립적으로 후대에 이어진다. 이것이 '독립의 법칙'이다.

멘델에 관해서는 재미있는 이야기 하나가 전해진다. 한때 교사가 되고 싶었던 멘델은 교사 시험에서 두 번이나 낙방을 했는데, 낙방한 과목이 바로 생물학이었다고 한다. 그런 그가 생물학 역사에 길이 남을 유전의 법칙을 남겼으니 참으로 재미있는 일이다.

검은 나방이 살아남는다

다윈은 어떻게 변이가 일어나는지, 그리고 어떻게 그 형질이 후대로 유전되는지를 설명하지 못했다. 당시 유전에 관한 멘델의 연구가 있었지만 멘델의 이론은 그가 죽은 1900년 이후에나 인정을 받게 되었다. 1930년대에 이르러 자연 선택설과 멘델의 유전 이론을 종합하여 신종합설이 등장했다.

여기에 적합한 사례로 자주 등장하는 것이 얼룩나방이다. 어느 얼룩나방의 종은 흰 바탕에 검은 무늬가 있는 개체와 모두가 검은 개체 두 가지 형질이 있다.

그림 3-25 흰 얼룩나방과 검은 얼룩나방. 청정지역에서는 반대로 검은 얼룩나방이 눈에 더 잘 띄는 것을 볼 수 있다(오른쪽).

검은 나방은 18세기에는 거의 관찰되지 않았다. 그러다가 산업혁명이 일어나자 공단 지역에서는 검은 나방의 숫자가 빠르게 증가했다. 공업 지역에서 발생하는 석탄 연기로 나무들이 모두 검게 변하여 그 나무에 앉은 흰색 나방은 새들의 눈에 쉽게 띄어 모두 먹이가 된 반면 검은 나방은 살아남았던 것이다. 그렇게 살아남은 나방의 유전자가 후대로 이어지면서 검은 나방만 살아남게 되었다.

동종 교배를 피해 가는
생물의 지혜

생물학적으로 동종 교배는 퇴화하고 이종 교배는 진화한다. 동종 교배는 같은 유전자 형질끼리의 수정이기 때문에 종의 다양성이 감소하고 열성 인자의 출현 비율이 높아진다. 동종 교배로 태어난 2세는 기형의 출현이 높으며 면역성도 크게 떨어지는 것으로 알려져 있다.

19세기 영국의 한 목축업자는 목초를 조금만 먹고도 살이 잘 찌는 양을 만들 방법을 궁리하고 있었다. 그러다가 돌연변이에 가까울 정도로 살이 찐 암컷 양을 골랐다. 머리가 작고 목도 짧으면서 다리가 가느다랗고, 대신 가슴과 엉덩이가 엄청나게 큰 양이었다. 고기로 팔기에 안성맞춤이었다. 이 암컷 양의 짝이 마땅치 않자 그는 어미 양에서 태어난 아들 수컷을 어미와 교배시켜 우량종을 만드는 데에 성공했다. 그러다가 몇 번의 동종 교배를 되풀이하자 양들이 모두 무서운 병에 걸려 죽고 말았다. 일종의 가려움증으로 온몸을 비비다가 죽고 마는 병이었다.

이것이 동종 교배 퇴화의 법칙이다.

근친 교배는 종의 다양성을 감소시키지만 이종 간의 교배에서는 우성 인자가 나타나 우수한 종이 나타나게 된다. 미국이 짧은 기간 동안에 세계의 주역으로 성장한 이면에는 미국의 이민 정책이 한몫을 했다는 연구도 있다. 인종의 구분 없이 자유로운 이민을 허용한 결과 이종 간의 혼인으로 우수한 인물이 많이 배출되었다는 연구이다.

식물이나 동물 모두 동종 교배를 피하려는 본능을 가지고 있다. 암술과 수술이 한 꽃에 있는 식물의 경우라도 벌, 나비가 꿀을 따느라 꽃가루를 흩으면 암술은 같은 꽃의 꽃가루를 받지 않으려고 몸을 움츠린다. 수정을 피하려는 것이다. 그래도 수정이 되는 경우에는 쭉정이가 나오는 경우가 많다.

구조적으로 자가수분을 줄이고 타가수분이 일어나도록 유도하는 식물도 많다. 이런 식물들은 암술이 수술보다 더 높이 솟아 있어서 아래로 떨어지는 수꽃의 꽃가루가 암술머리에 닿지 않도록 하여 자가수분을 피하고 있다. 붓꽃 같은 경우에는 암술머리와 수술 사이에 꽃잎과 같은 구조가 생겨나서 둘 사이를 물리적으로 차단한다. 암술과 수술이 성숙하는 시기를 서로 다르게 하여 자가수분이 일어나지 않게 하는 식물도 있다. 도라지나 패랭이꽃, 봉선화 같은 식물은 수술이 먼저 성숙하고 질경이 같은 식물은 암술이 먼저 성숙한다.

또한 최근 식물 연구 결과에 따르면, 식물은 암술머리에 떨어진 꽃가루가 유전적으로 자신의 것인지 알아내는 능력을 가지고 있다고 한다. 이러한 감별을 통해 자신의 꽃가루에서는 화분관이 자라지 않도록 해서 수정이 일어나는 것을 방지하기도 한다.

생명와 환경

환경이 바뀌면 동물들의 반응은 세 가지 형태로 나타난다. 환경의 변화를 피하거나, 변화에 적응하거나, 적응하지 못해 도태된다. 철새들은 더위와 추위를 피해 남북으로 이동한다. 튼튼한 날개로 열악한 환경을 피하려는 것이다. 날개가 있어도 먼 거리를 날 수 있을 정도로 튼튼하지 못한 새들은 기온 변화에 적응하여 살아간다. 참새나 까치가 그러하다. 날개가 없는 동물은 겨울잠을 잔다.

동물들의 겨울잠은 곰형과 개구리형으로 나누어진다. 곰형에는 박쥐, 고슴도치, 다람쥐, 너구리, 오소리 등이 있다. 이들은 겨울이 되기 전에 먹이를 실컷 먹어서 지방층을 두껍게 한 다음에 겨울잠을 잔다.

곰은 가을에 물고기나 나무 열매 등을 충분히 먹어 필요한 영양분을 몸속에 저장한다. 털가죽 밑에 15cm 정도 두께의 지방층이 생기는데 이것을 겨울잠 자는 동안의 에너지로 사용한다. 같은 종류의 곰이라도 동물원 같은 환경에서 살면 겨울잠을 자지 않는다. 먹이가 충분하여 겨울잠을 잘 필요가 없기 때문이다. 겨울에 먹이 걱정을 하지 않아도 되는 북극곰도 겨울잠을 자지 않는다.

다람쥐는 겨울잠을 자는 동안 체온이 0℃까지 떨어지고 평상시 150회 정도인 심장 박동도 5회 정도로 떨어진다. 거의 죽은 상태로 겨울잠을 자는 것이다. 다람쥐뿐 아니라 박쥐, 고슴도치도 겨울잠을 자는 동안 체온이 많이 떨어진다. 곰에 비해 체온이 훨씬 더 떨어지는 것이다. 그러다가 날씨가 따뜻해지면 겨울잠에 들기 전에 묻어 두었던 도토리나 밤 등을 먹고 다시 잠을 잔다. 체구가 작은 다람쥐는 봄이 오면 곧바로 잠에서 깨어날 수 있지만, 체구가 큰 곰은 적응에 시간이 걸리기 때문에 체온이 조금밖에 떨어지지 않는다.

개구리, 뱀, 도마뱀, 거북 등의 양서류나 파충류, 미꾸라지, 잉어, 붕어 등의 어류는 변온 동물이다. 체온이 주위의 온도에 따라 변한다는 뜻이다. 이들은 에너지 절약을 위해서가 아니라 활동이 힘들어서 겨울잠을 자는 것이다. 이들 중에서 적응이 가장 잘된 동물은 거북이다. 거북은 겨울 동안 호수 바닥에 엎드려 호흡과 움직임, 심지어는 심장 박동까지 거의 멈춘 채로 잠을 잔다. 수억 년 동안 진화하면서 에너지를 극단적으로 줄이는 방식을 터득한 것이다.

사막 지대에 사는 동물 중에는 여름잠을 자는 종도 있다. 그러나 여

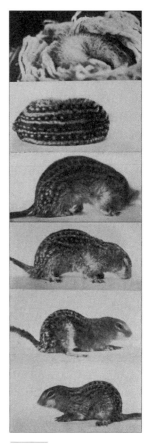

그림 3-26 겨울잠에서 깨어나는 다람쥐

름 무더위를 피하기 위해서가 아니라 '가뭄'을 피하기 위해 여름잠을 자는 것이다. 사막 달팽이는 여름에 건조한 날씨가 계속되면 점액으로 숨구멍만 남기고 껍질 속으로 숨는다. 그리고는 나뭇잎이나 나뭇가지에 붙어 잠을 자면서 비가 오기를 기다린다. 더위를 피하려는 게 아니라 비를 기다리기 위함이다.

식물도 겨울잠을 잔다. 열대, 아열대 식물들의 경우는 11월경부터 서서히 겨울잠에 빠져든다. 이를 휴면기라 한다. 이때 식물은 거의 물이 필요하지 않다. 여름철처럼 주었다가는 뿌리가 썩어 버린다. 겨울에는 식물도 쉬고 싶어 한다. 성장하는 것을 피곤해 한다. 그래서 겨울에는 비료나 영양제를 주지 않는 게 좋다. 겨울에 비료를 주는 것은 잠자는 사람 입에 음식을 먹이는 것과 같은 꼴이다.

겨울잠에 들어간 식물에겐 온도가 중요하다. 특히 화분이 작을수록 바깥 공기의 영향을 많이 받는다. 땅에 심은 식물은 지열의 영향을 받아 조금 낮은 온도에도 견디지만 화분에 심은 식물은 그렇지 못하다.

동물이든 식물이든 주위 온도가 적정선을 넘으면 개체의 크기가 작아진다. 2009년 영국 임페리얼대의 티머스 쿨슨 박사팀은 50년 넘게 사람의 손길이 닿지 않은 스코틀랜드의 외딴 섬에 사는 야생 양 무리를 조사했는데, 지구온난화가 심해진 지난 20년 동안 양의 몸무게가 해마다 약 28g씩 줄어든 것으로 나타났다고 보고했다.

지구 동물의 대다수를 차지하는 변온 동물은 기온이 오르면 신진대사가 활발해져 개체의 성장 속도도 빨라진다. 커진 몸집을 유지하기 위해선 더 많은 먹이가 필요한데, 이게 여의치 않으면 몸집이 충분히 커지기도 전에 성장을 멈추기 때문이다.

대부분의 동식물은 생존 환경이 좋으면 몸집이 커지거나 번식률이 높아지고, 생존 환경이 나빠지면 그 반대가 된다는 것이 학계의 정설이다.

서식지를 옮기는 것도 적응의 한 방법이다. 멀리 갈 것도 없이 우리나라의 사례를 보자. 30년 전쯤에는 대구 지역이 사과의 주산지였다. 그러나 이제 대구 지역에는 더 이상 사과가 나지 않는다. 온난화 탓이다. 사과의 주산지는 해마다 조금씩 북상하여 의성, 안동, 영주, 충주까지 올라왔다. 몇 년 후면 여주, 이천을 거쳐 홍천, 춘천 등 강원도 지역으로 옮겨가게 된다. 앞으로 20, 30년 후가 되면 사과는 남한 지역에서는 자라지 못하고 북한으로 옮겨가게 된다는 것이 학자들의 추측이다.

환경에 적응하는 야행성 동물의 시력

동물들은 대부분 낮에 먹이 활동을 하지만 밤에 활동하는 종류도 상당히 많다. 낮에 활동하는 동물을 주행성 동물, 밤에 활동하는 동물을 야행성 동물이라고 한다. 주행성이냐 야행성이냐는 먹이와 천적에 따라 결정된다. 그래서 낮 동안에 풀을 뜯기가 훨씬 쉬운 초식 동물은 주행성이고 밤 동안에 먹이 사냥이 쉬운 박쥐나 올빼미는 야행성인 것이다.

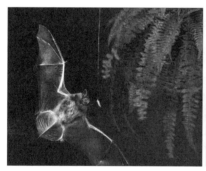

그림 3-27 박쥐와 올빼미. 박쥐는 초음파를 이용해 어둠 속에서도 곤충을 포획할 수 있다.

대표적인 야행성 동물은 박쥐다. 박쥐는 가장 좋아하는 먹이인 나방과 들쥐가 밤에 활동하기 때문에 야행성이 된 것이다. 야행성인 올빼미나 부엉이가 주로 노리는 먹이는 들쥐 같은 설치류다. 이들은 날개 가장자리에 톱니 같은 장치를 가지고 있어 그 구멍으로 공기를 조절하여 날갯짓 소리가 들리지 않게 먹잇감에 접근한다.

야행성 동물의 눈은 대개 색깔과 형태를 잘 구분하지 못한다. 밤에 사냥하기 때문에 색깔이나 형태를 구분할 필요가 없는 것이다. 대신 움직임에 아주 민감한 눈을 가지고 있다. 쥐들은 올빼미에게 발견되면 꼼짝 않고 그 자리에 몸을 웅크리는 경우가 있는데, 움직이지 않고 가만히 있으면 올빼미는 먹이를 찾아내지 못하기 때문이다.

　사람과 함께 살아가는 동물 가운데 대표적인 야행성 동물은 고양이다. 고양이는 눈으로 받아들인 빛을 모아서 다시 밖으로 쏘아 보낸다. 그래서 고양이과 동물의 눈은 밤에 빛나는 것이다. 그렇다면 밤에도 사물을 정확히 볼 수 있을까? 아니다. 고양이과 동물들 역시 올빼미과 동물들과 마찬가지로 사물의 형태나 색깔을 잘 구분하지 못하는 것으로 알려져 있다. 대신 움직임에 아주 민감하다. 그것이 사냥에 더 유리하기 때문이다.

　뱀은 어두운 굴속에서 살기 때문에 시력이 거의 마비되어 있다. 대신 적외선으로 사물을 감지한다. 먹이가 발산하는 열을 느끼면서 접근하는 것이다.

꿀벌이 사라지면?

2006년 가을, 미국의 한 양봉 농가에서 꿀벌 실종 사건을 보고한 이래 세계 곳곳에서 꿀벌 실종 사건 이야기가 추리소설처럼 번지고 있다. 처음 발생지인 미국의 경우 꿀벌 네 마리 중 한 마리 꼴로 사라졌으며, 유럽과 남미, 아시아권이 뒤따르고 있다.

꿀벌이 사라지면 어떤 일이 일어날까? 맛있는 꿀을 먹지 못한다? 맛있는 꿀뿐만 아니라 사과, 배, 복숭아 등 맛있는 과일이나 오이 같은 야채도 먹지 못한다. 이 과일이나 야채들은 꿀벌의 도움으로 수정하고 열매를 맺는 충매화이기 때문이다.

지구 식물의 1/3 정도가 곤충의 도움으로 수정하는 충매화이고, 그 가운데 80%는 꿀벌의 도움을 받는다. 꿀벌이 꿀 1kg을 생산하기 위해서는 무려 560만 개의 꽃을 찾아다닌다고 한다. 즉, 560만 그루의 꽃을 수정시켜 주는 대가로 얻는 것이 꿀 1kg이다.

우리나라 꿀 생산량은 대략 2만 톤 정도로 7~8년 동안 30% 가까이 감소했다고 한다. 양봉 농가 30% 정도가 양봉을 포기했으며 몇 년 이내에 70% 정도가 양봉을 포기할 것이라는 전망도 나오고 있다.

꿀벌은 몇 천만 년 전에 지구상에 나타나 그동안의 가혹한 환경 변화를 모두 이겨내고 살아남은 종이다. 그들이 지금 심각한 위기를 맞고 있는 것이다.

전 세계적으로 꿀벌이 사라지는 현상을 두고 연구하고 있지만 아직 정확한 원인을 밝히지 못하고 있다. 학자들은 저마다 다른 주장을 하고 있다. 농약이나 살충제를 너무 많이 썼기

그림 3-28 꿀을 모아 나르는 꿀벌

때문이라는 학설, 전반적인 지구 환경 오염 때문이라는 학설, 휴대 전화의 전자파 때문이라는 학설 등 다양하다. 어쩌면 이들 요인 모두가 복합적으로 작용하기 때문일지도 모른다.

먼저 휴대 전화의 전자파를 보자. 휴대 전화는 지난 10여 년 동안 빠르게 늘어났다. 휴대 전화의 전자파가 꿀벌의 방향 감각을 교란시키기 때문이라는 것이다. 실제로 벌통 주위에 전깃줄이 지나가거나 벌통 주위에 휴대 전화를 놓아두면 꿀벌이 집에 들어가는 것을 꺼린다는 연구도 있다. 또 휴대 전화 보급과 꿀벌이 사라지기 시작한 시기도 엇비슷하게 일치하고 있다.

사과, 딸기, 호박, 오이 등 인간이 먹는 작물의 90% 가량이 꿀벌 없이

는 열매를 맺지 못한다. 미국 캘리포니아 주에서는 꿀벌이 줄어들면서 지역 최대의 농산물인 아몬드, 복숭아, 블루베리 등의 꽃가루 수정이 제대로 이뤄지지 않고 있다.

물리학자 아인슈타인은 꿀벌이 사라진다면 인류는 4년밖에 살아남지 못할 것이라고 경고한 적이 있다. 꿀벌이 급감하면 목초 생산도 줄고 육류, 우유의 생산도 타격을 입을 것이다. 이렇게 되면 생태계 및 산업 전반에 위기가 확산될 수밖에 없다.

개똥벌레가 빛을 내는 이유

여름밤이면 개울가나 논가에 개똥벌레들이 아름다운 포물선을 그리며 하늘을 난다. 반딧불이라고도 불리는 개똥벌레는 다슬기와 같이 1급수가 흐르는 청정 지역에서만 산다. 개똥벌레는 수초에 알을 낳고 알에서 깨어난 유충이 다슬기를 먹고 살기 때문이다.

다슬기가 청정 지역에서만 살기 때문에 개똥벌레도 청정 지역에서만 볼 수 있다. 옛날에는 전국 어디서나 여름밤이면 개똥벌레를 볼 수 있었지만, 이제는 우리나라 일부 지역에서만 볼 수 있는 귀한 존재가 되었다. 아름다운 여름밤의 추억이 사라지고 있어 안타까운 마음이다.

개똥벌레를 영어로는 firefly라고 한다. fire는 불, 곧 빛을 내는 벌레라는 의미일 것이다. 아주 옛날 가난한 선비들은 여름이면 개똥벌레를 잡아다가 병에 넣고 그 빛으로 책을 읽고 겨울이면 눈을 담아다가 눈빛으로 책을 읽었다고 한다. 중국 진나라의 차윤이라는 선비가 그렇게 공

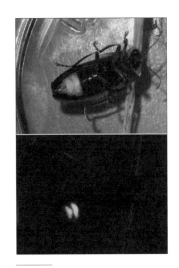

그림 3-29 반딧불이. 플래시로 비추었을 때 (위)와 반딧불이가 직접 빛을 낼 때

부하여 높은 벼슬까지 올랐다는 이야기도 있다. 형설지공(螢雪之功)이라는 고사성어가 거기서 나왔다. 형은 개똥벌레, 설은 눈을 가리키는 한자어다. 개똥벌레는 꽁무니 부근에 빛을 내는 기관이 있고 여기에 있는 루시페린이라는 물질이 효소의 작용으로 산화되면서 빛을 낸다. 개똥벌레는 빛을 내지만 잡아서 만져보면 뜨겁지는 않다. 전기는 빛과 열을 같이 내지만 개똥벌레는 화학 작용으로 빛을 내기 때문에 뜨겁지 않은 것이다. 개똥벌레 외에도 바다에 사는 물고기 중에는 빛을 내는 종류가 다수 있다.

개똥벌레의 빛은 의사소통 수단이다. 풀벌레는 소리로 의사소통을 하고 일부 동물들은 냄새로 의사소통을 하기도 한다. 그러나 소리를 낼 수 없는 개똥벌레는 빛으로 의사를 교환하는 것이다. 정확히는 암컷과 수컷이 서로 짝을 찾는 신호이다. 수컷은 강렬한 빛을 발하면서 여름 밤하늘을 날아오른다. 반면 암컷은 개울가 풀섶이나 논둑에 앉아 보일 듯 말듯 수줍은 빛을 낸다. 하늘을 날면서 아름다운 포물선을 그리는 녀석은 주로 수컷이고, 암컷은 물가나 풀잎에 붙어서 은은한 빛을 낸다. 개똥벌레가 내는 빛이 모두 같은 것 같지만 종류마다 빛의 색깔이 다르고 빛의 강도나 횟수가 다르다. 이것으로 같은 종류끼리 짝을 찾을 수 있는 것이다. 하늘을 날던 수컷이 아래로 내려와 암컷을 채면서 아름다운 여름밤이 무르익어 간다.

성충(어른벌레)이 된 개똥벌레는 2~3일 뒤부터 짝짓기를 하고, 짝짓기 4~5일 뒤에 암컷은 이끼 위에 300~500개의 알을 낳는다. 알은

20~25℃에서 20~30일 만에 부화된다.

애벌레는 이듬해 4월까지 250여 일 동안 여섯 차
례 껍질 벗는 과정을 거친다. 애벌레는 다슬기를 먹
이로 수중 생활을 하면서 15~20mm까지 자란다.
애벌레는 번데기가 되기 위해서 비가 오는 야간에
땅 위로 올라간다. 50일 남짓 땅속에 번데기 집을 짓

그림 3-30 반딧불이

고 그곳에 머물다 40일 남짓 지나서 번데기가 된다.
6월경에는 어른벌레가 되어 빛을 내며 밤에 활동하기 시작한다.

어른벌레는 암컷이 크고 수컷이 조금 작다. 수명은 2주 정도로 이슬
을 먹고 사는데, 짝짓기를 하고 알을 낳고는 11~13일 뒤에는 자연적으
로 죽는다. 어른벌레뿐만 아니라 알, 애벌레, 번데기도 빛을 낸다.

빛을 내는 원리는 루시페린이 루시페라아제에 의해서 산소와 반
응해 일어나는 것이다. 빛은 보통 노란색이나 황록색이며, 파장은
500~600nm(나노미터)이다. 그처럼 아름다운 빛을 내는 벌레에게 개
똥벌레라는 이름이 붙여진 것은 낮 동안 개나 소 등 동물의 배설물 속
에 숨어 있다가 밤이면 나타나기 때문이다. 환경 오염으로 점점 더 보기
가 어려워지고 있는데 개똥벌레가 사라지면 청정지역도 사라진다는 의
미가 된다.

스스로 빛을 내는 생물에는 반딧불이 말고도 빛이 없는 깊은 바다에
사는 어종들 중에도 많다. 발광 오징어는 몸에서 푸른색 빛을 내고 초롱
아귀는 등지느러미에서 빛을 낸다. 먹이를 유인하거나 짝을 찾기 위해
빛을 낸다.

1999년 우크라이나에서 발광 플랑크톤을 채취하여 연구하던 학자들

이 국가기밀죄로 체포되는 사건이 일어났다. 바다에 사는 발광충이라는 이름의 이 플랑크톤은 배나 잠수함이 지나가면 빛을 낸다. 그것으로 적 군함의 위치를 추적할 수 있어서 미국, 소련이 그와 관련된 기술을 둘러 싸고 각축 중이었는데 그 기밀이 누출되었다는 것이다. 실제로 1차 대 전 당시 독일군 잠수함이 적진에 침투했을 때 발광충이 빛을 내는 바람 에 발각된 적도 있다고 한다. 이 기술을 다듬으면 군사적으로, 산업적으 로 엄청난 기술이 될 수 있다고 한다.

효소 이야기

이전에는 사람이 살아가는 데 필요한 3대 영양소인 탄수화물, 단백질, 지방만 충분히 섭취하면 건강하게 오래 살 수 있는 줄 알았다. 그러다가 19~20세기를 거치는 동안 3대 영양소 말고도 비타민, 미네랄, 식이 섬유 등이 더 필요하다는 것을 알게 되었다. 이를 합쳐서 6대 영양소라고 한다. 그러다가 20세기 후반, 21세기 초에 접어들어 효소가 새롭게 부각되기 시작했다. 20세기가 비타민과 미네랄의 시대라면 21세기는 효소의 시대이다. 19세기에 들어 당이 알코올로 바뀌는 과정을 연구하던 루이 파스퇴르(1822~1895)는 효모에 의해 당이 발효되어 알코올을 만드는 반응이 '효소'에 의한 것임을 밝혀냈다. 효소라는 용어를 처음 사용한 사람은 독일 생리학자인 빌헬름 퀴네였다.

효소는 단백질에 미네랄이나 유기산 같은 것이 결합된 미세한 유기질이다. 효소는 소화나 호흡, 호르몬, 신경계, 두뇌 등 거의 모든 신체 활

그림 3-31 루이 파스퇴르

동의 촉매 역할을 하는 물질이다. 인체에 필요한 효소는 2,700여 가지나 되는데, 크게 나누면 소화를 도와주는 '소화효소'와 우리 몸의 신진대사를 도와주는 '대사효소'가 있다.

우리가 음식을 먹으면 그대로 흡수되지 않는다. 침에서 분비되는 아밀라아제와 작은창자에서 분비되는 말타아제가 탄수화물의 전분을 포도당으로 분해한 다음에 흡수된다.

단백질을 아미노산으로, 지방을 글리세롤과 트라이글리세라이드로 분해하여 흡수할 수 있는 형태로 바꾸어 주는 것이 소화 효소의 역할이다.

대사 효소는 인체의 모든 생명 활동을 도와주는 촉매 역할을 한다. 호흡, 호르몬, 신경계, 두뇌 기능 등에 모두 효소가 촉매 역할을 한다. 어떤 효소는 생각과 판단을 하고, 활동을 하고, 손상된 기능을 치유하는 데 도움을 준다. 한마디로 우리의 몸 안에서 이루어지는 거의 모든 생화학 반응을 주관하는 것이 효소이다.

손을 베었다고 하자. 이것은 세포가 파괴되었다는 것을 뜻한다. 이것이 치유가 되지 않는다면 계속해서 피가 흐르고 공기 중의 세균이 침투하여 독이 번지게 될 것이다. 그러면 상처 하나로도 사람이 죽을 수 있다. 이것을 막아 주는 것이 효소의 역할이다. 일단 상처가 나면 수억 개의 효소가 상처 부위로 몰려들어 출혈을 멈추게 하고, 백혈구가 병균을 잡아먹을 수 있도록 고름을 분해한다. 그리고 혈액 속의 영양분으로 새로운 세포를 형성하여 우리 몸을 원상으로 회복시켜 주는 것이다.

효소는 생성되는 원천에 따라 잠재 효소와 외부 효소로 나누어진다. 효소 영양학의 개척자인 하웰 박사에 따르면 우리 몸에 필요한 효소는 태어날 때부터 지닌 '잠재 효소'와 음식물에서 섭취하는 '외부 효소'가 있다. 잠재 효소의 양은 태어날 때 정해져 있으며 사람마다 그 양도 다르다고 한다. 잠재 효소는 외부에서 음식물을 섭취한다고 만들어지는 것도 아니라는 것이다. 우리 몸이 원래부터 가지고 있던 잠재 효소는 필요에 따라 소화 효소가 되기도 하고 대사 효소가 되기도 한다. 그리하여 우리 몸의 건강 상태를 조율한다.

그렇다면 음식을 통해 외부 효소를 섭취한다는 것은 어떤 의미가 있을까? 하웰 박사는 효소영양학의 원리에서 음식물을 통해 외부 효소를 섭취하면 체내에 원래부터 가지고 있던 잠재 효소의 감소를 막을 수 있다고 했다. 그리하여 효소가 충분히 들어 있는 음식을 섭취할 경우에는 체내의 소화 효소를 절약하여 이것을 신체 기능을 향상시키는 대사 효소로 돌릴 수 있다는 것이다.

현대인의 식습관을 보자. 효소가 전혀 들어 있지 않은 육류를 과다하게 섭취하면 우리 몸은 이를 소화시키기 위해 잠재 효소를 소화 효소로 돌려야 한다. 이 때문에 우리 몸의 잠재 효소는 대사 효소를 충분히 만들지 못하게 되어 신체 기능이 저하된다. 소식이 건강에 좋다는 근거가 여기에 있다.

하웰 박사는 인체에 있는 효소의 양이 수명과 건강을 좌우한다고 말한다. 어린아이의 몸에 들어 있는 잠재 효소의 양이 100이라면 청년은 30, 노인은 1에 불과하다는 것이다. 이 잠재 효소가 부족해지면 건강에 이상이 오고, 병에 걸리면 쉽게 회복되지 않는다. 그리고 잠재 효소가 고갈되면 수명을 다하게 된다.

이것은 예전과 전혀 다른 개념이다. 예전에는 질병이 생겼기 때문에 효소가 감소되었다고 생각했지만, 이제는 효소가 감소했기 때문에 질병이 생긴다는 것이다. 그래서 사람은 나이가 들수록 질병에 걸리기 쉽고 회복도 어렵다는 것이다.

외부 효소는 음식물 중에서도 살아 있는 생명체에만 들어 있다. 죽은 생명체나 무생물에는 효소가 없다. 야채, 채소, 과일이 중요한 이유이다. 삶은 콩에는 싹이 트지 않는 이유는 배아에 붙어 있던 발아 효소가 죽어 버렸기 때문이다. 화분에 물을 줄 때 계속해서 끓인 물을 준 화분은 식물이 곧 죽어 버린다. 효소가 죽어 버렸기 때문이다.

외계 생명체의 존재

　넓고 넓은 우주에서 생명체는 지구에만 살고 있을까? 아니면 다른 천체
에도 살고 있을까? 비록 인간 같은 고등 생명체는 아닐지라도 말이다. 그런
궁금증 때문에 지구촌 가족들은 외계를 향해 끊임없이 신호를 보내고 있지
만 아직 이렇다 할 회신을 받지 못한 상태다.

　그리스 철학자 에피쿠로스는 무한한 우주 어딘가에는 생명체가 있을 것
이라고 주장했고, 중세에 들어 코페르니쿠스의 지동설이 나오면서 외계 생
명체에 대한 궁금증은 더해갔다. 당시 이탈리아의 철학자 부르노는 외계인
설을 주장했다가 기독교 교리에 위반되는 주장을 했다 하여 처형되기도 했
다. 그러다가 망원경이 나타나 외계 생명체 추적이 본격화되었다.

　1960년 미국 전파 천문대의 드레이크 박사는 본격적으로 외계 생명체
탐사 프로젝트를 이끌며 외계 생명체 탐사에 나섰다. 드레이크 박사는 외
계 생명체가 존재할 수 있는 천체의 수를 다음과 같은 논리로 수식으로 나
타냈다.

- 우리 은하에는 태양 같은 별이 1,000억 개 정도 있다. 그러나 태양에
  는 온도가 높아서 생명체가 살 수 없다. 가능성이 있는 천체는 지구처

럼 태양 주위를 도는 행성이어야 한다.

- 태양계 같은 별들 중에서 행성을 가지고 있는 숫자는 절반 정도이다. 절반의 별들이 태양계와 같이 9개의 행성을 가지고 있다면 그 숫자는 4,500억 개가 된다(1000억×50%×9개).

- 행성이라고 해서 모두 생명체가 살 수 있는 조건을 갖추고 있는 것은 아니다. 태양계의 경우라면 금성, 지구, 화성 정도가 생명체의 가능성이 있다. 가능성은 1/3. 다시 이 세 개의 행성 중에서도 실제 생명체가 있는 것은 지구뿐이므로 가능성은 다시 1/3로 줄어든다.

- 그렇다면 우리 은하계에서 원시적인 형태일망정 생명체가 있을 가능성이 있는 천체 수는, 1,500억 개(4,500억 개×1/3)이다. 이를 다시 1/3로 줄이면 무려 500억 개나 된다.

은하계의 역사는 140억 년, 지구의 역사는 45억 년 남짓이다. 드레이크 박사는 만약 은하계에 생명체가 있다면 지구촌 인류보다 훨씬 더 진화했을 수도 있다고 말한다.

기자들이 드레이크 박사에게 물었다.

"인간보다 더 뛰어난 외계의 지적 생명체를 만난다면 가장 먼저 무엇을 물어보고 싶은가?"

그러자 드레이크 박사는 다음과 같이 대답했다.

"문명을 파괴할 수도 있는 고도의 기술을 가지고 어떻게 평화를 유지하고 살았는가?"

세계적인 물리학자 스티븐 호킹 박사도 비슷한 논리를 펴고 있다. 우주에는 1,000억 개 이상의 은하가 있으며, 은하마다 수천억 개의 행성이 존재한다. 그 많은 별들 중에서 지구에서만 생명체가 있을 가능성은 아주 낮다는 것이다. 비록 원시적인 생명체일지라도 외계 생명체가 있을 가능성은 충분하다.

그러면서 호킹은 지구인이 외계인과 접촉하는 것은 아메리카 원주민들이 유럽에서 온 콜럼버스를 만난 것처럼 위험하다고 경고한다. 평화롭게 살던 아메리카 원주민은 외부인을 만난 결과 모두 사라졌다는 것이다.

지금까지 과학자들은 외계 생명체가 존재할 수 있는 조건으로 지구와 비슷한 환경을 갖춘 행성을 찾고 있었다. 우선 지구상의 생명체는 탄소를 기반으로 하는 화합물이다. 또 생명을 유지하기 위해서는 물의 존재가 필수다. 곧 탄소, 수소, 산소가 존재해야 생명체가 살 수 있다는 가정이었다. 그리고 물이 액체 상태를 유지하기 위해서는 적절한 온도가 유지되어야 한다는 것 등이었다.

2010년 미 우주항공국에서는 지구와 흡사한 환경을 가진 외계 행성 두 개를 발견했다고 발표했다. 생명체의 존재가 확인되기 위해서는 더 많은 시간이 필요하겠지만 가능성이 높은 첫 두 개의 행성인 셈이다.

그러나 외계 생명체가 있다면 꼭 지구의 생명체처럼 탄소 화합물로 구성되어야 할 필요는 없다. 탄소 대신 실리콘이나 물 대신 암모니아를 사용하는 생명체의 존재도 가능하다는 것이다. 미국 캘리포니아 주에 있는 모노 호의 바닥에 깔려 있는 침전물에서 발견된 박테리아는 인(P) 대신 비소를 기반으로 생명을 유지하는 것으로 알려졌다.

또 지금까지 과학자들은 적정 온도와 기압 등을 생명체의 조건으로 생각했으나 이것도 영국 과학자들에 의해 깨졌다. 영국 과학자들은 해저 5km, 온도 400℃, 수압이 기압의 500배인 해저 화산 부근에서 살아가는 미생물들과 눈먼 새우, 흰 게 등을 발견했기 때문이다.

최근에는 산소 없이 살 수 있는 생명체가 확인되어 과학자들에게 충격을 주고 있다. 지금까지는 산소가 없는 환경에서는 어떤 생명체도 살 수 없다는 전제 아래 외계 생명체의 존재 가능성을 낮게 보았으나 산소 없이 살아갈 수 있는 생명체가 발견되어 우주 생명체의 존재 가능성이 훨씬 높아졌다는 것이다.

2010년 미 항공우주국 NASA에서는 8개 분야로 나누어 우주 생명체 탐사 계획을 발표했다. 로봇에 의한 화성의 토양 채취, 수성에 탐사기 착륙, 화성의 메탄 가스 분석, 목성의 위성인 에우로파의 바다 탐사, 토성의 위성인 타이탄의 유기물 탐사, 그리고 생명체 탐사 등이 그 계획 안에 포함되어 있다.

본문 사진 저작권

1–5   Raphael Javaux, GNU 자유문서 사용허가에 따른 이용

1–7   LepoRello, GNU 자유문서 사용허가에 따른 이용

1–22   Zátonyi Sándor, GNU 자유문서 사용허가에 따른 이용

1–26   NASA/ESA, 크리에이티브 커먼즈 허가에 따른 이용.

2–6   Michael Ströck, GNU 자유문서 사용허가에 따른 이용

2–7   Christophe Dang Ngoc Chan, GNU 자유문서 사용허가에 따른 이용

2–21   YassineMrabet, GNU 자유문서 사용허가에 따른 이용

3–2   크리에이티브 커먼즈 허가에 따른 이용(광합성)

3–4   Johann Dréo, GNU 자유문서 사용허가에 따른 이용

3–9   GNU 자유문서 사용허가에 따른 이용

3–12   PJTurgeon / Cephas, 크리에이티브 커먼즈 허가에 따른 이용

3–14   XIIIfromTOKYO / Kadellar, 크리에이티브 커먼즈 허가에 따른 이용

3–15   LadyofHats, 크리에이티브 커먼즈 허가에 따른 이용

3–17   Masaki Ikeda, GNU 자유문서 사용허가에 따른 이용

3–18   Matfald, GNU 자유문서 사용허가에 따른 이용

3–19   Bugboy52.40, GNU 자유문서 사용허가에 따른 이용

3–23   Steve Garvie, 크리에이티브 커먼즈 허가에 따른 이용

3–25   Martinowksy, GNU 자유문서 사용허가에 따른 이용

3–27   Dominic Sherony, 크리에이티브 커먼즈 허가에 따른 이용(올-빼미)

3–28   Muhammad Mahdi Karim, GNU 자유문서 사용허가에 따른 이용

3–29   Emmanuelm, 크리에이티브 커먼즈 허가에 따른 이용

3–30   João Coelho, 크리에이티브 커먼즈 허가에 따른 이용